机械拆装实训手册

主　编　徐　俊　刘雪倩
副主编　吴　喆　薛文超　陈心怡

哈尔滨工程大学出版社
Harbin Engineering University Press

内容简介

本书根据职业教育理实一体化课程改革的指导思想，强调以实践为主，理论为辅，筛选典型的工作任务，以CA6140车床、THMDZP－2型机械装配综合实训平台为载体，以典型机械机构拆装为内容，取材贴近生产实际的案例设计课程内容，让学生在做的过程中掌握解决问题的方法和技能。

本书是机械类相关专业机械拆装方向理实一体化课程教材，可作为职业院校机械相关专业机械拆装课程的教材，也可作为机械维修人员和机械拆装技术爱好者自学用书。

图书在版编目(CIP)数据

机械拆装实训手册／徐俊，刘雪倩主编．—哈尔滨：哈尔滨工程大学出版社，2020.4
ISBN 978－7－5661－2647－4

Ⅰ．①机… Ⅱ．①徐… ②刘… Ⅲ．①装配(机械)－技术手册 Ⅳ．①TH163－62

中国版本图书馆CIP数据核字(2020)第049276号

选题策划 史大伟 薛 力
责任编辑 王俊一 马毓聪
封面设计 李海波

出版发行 哈尔滨工程大学出版社
社 址 哈尔滨市南岗区南通大街145号
邮政编码 150001
发行电话 0451－82519328
传 真 0451－82519699
经 销 新华书店
印 刷 哈尔滨市石桥印务有限公司
开 本 787 mm×1 092 mm 1/16
印 张 11.75
字 数 310千字
版 次 2020年4月第1版
印 次 2020年4月第1次印刷
定 价 39.00元
http://www.hrbeupress.com
E-mail:heupress@hrbeu.edu.cn

前　言

本书的编写根据《国家中长期教育改革和发展规划纲要(2010—2020年)》的精神,为推进职业教育课程改革和教材建设进程,实现理实一体化课程改革理念,以任务课程为职业教育课程改革的主导理念,以工作任务为课程设置与内容选择的参照点,以任务为单位组织内容并以任务活动为主要学习方式的课程模式。本书是机械类各专业必修的基础课程教材。

本书与项目课程教学拆装设备实训操作同步,是任务课程教学实训设备的配套教材。

本书的主要特色如下。

(1)强调以实践为主,理论为辅,从做中学。

(2)以能力为本位,以就业为导向,面向贴近生产实际的教学任务。

(3)体现做中学的教学理念。

(4)目的在于培养学生对典型机械结构工作原理及应用场合的理解能力和机械拆装的实训操作能力,“知其然而知其所以然”。

(5)以CA6140车床、THMDZP-2型机械装配综合实训平台拆装、调试及运行为范例,以实际典型工作任务为教学内容,教会学生完成任务所需的知识与技能,对其他结构拆装可举一反三。

本书是校企合作共同开发的教材,适合各地机电技术应用、机修钳工、装配钳工等专业教学使用,同时也是上海市“星光计划”训练与竞赛相关项目。

本书在编写过程中难免会出现一些错误和疏漏之处,希望各校在选用本书实施教学的过程中,及时提出意见和建议,以便在修订时改正和完善。

编　者

2020年2月

目　　录

项目 1　常用传动机构的装配、调整与拆卸

项目导入

传动机构在整个机器运动过程中起到了由静态向动态转化的重要作用。本项目包括槽轮传动机构装配、调整与拆卸和摇杆滑道传动机构装配、调整与拆卸两个工作任务。

本项目以典型工作任务为导向,将知识和技能融合开展项目式教学,通过典型工作任务工艺过程提高学生综合职业能力。

任务 1.1　槽轮传动机构的装配、调整与拆卸

1.1.1　学习目标

1. 知识目标

(1)掌握槽轮传动机构的组成;
(2)了解槽轮传动机构的结构及功用;
(3)了解槽轮传动机构的工作状态。

2. 能力目标

(1)能按正确工艺完成槽轮传动机构装配与拆卸;
(2)能依据槽轮传动机构运动情况对其进行适当的调整。

3. 情感目标

(1)主动获取信息,团结协作,养成安全文明生产的习惯;
(2)增长见识,激发兴趣。

1.1.2　任务描述

槽轮传动机构装配、调整与拆卸是机械装配考核模块的重要组成部分。对槽轮传动机构的基本组成、工作原理有较清晰的认识,可以更好地完成槽轮传动机构装配、调整与拆卸训练。

1.1.3　任务准备

设备:钳桌、台虎钳、槽轮传动机构、槽轮操作机构、配套工量具及机构工量具箱。
着装:劳动防护服、绝缘鞋等。

1.1.4　知识准备

1. 槽轮机构的组成

槽轮机构是由装有圆柱销的主动拨盘、槽轮和机架组成的双向间歇运动机构,又称马耳他机构。它常被用来将主动件的连续转动转换成从动件的带有停歇的双向周期性转动。

槽轮机构结构图如图 1.1.1 所示,它由拨盘 1、槽轮 2 和机架组成。拨盘 1 以等角速度连续回转,当拨盘 1 上的圆销 A 未进入槽轮 2 的径向槽时,槽轮 2 的内凹锁止弧被拨盘 1 的外凹锁止弧卡住,因此槽轮 2 不动。

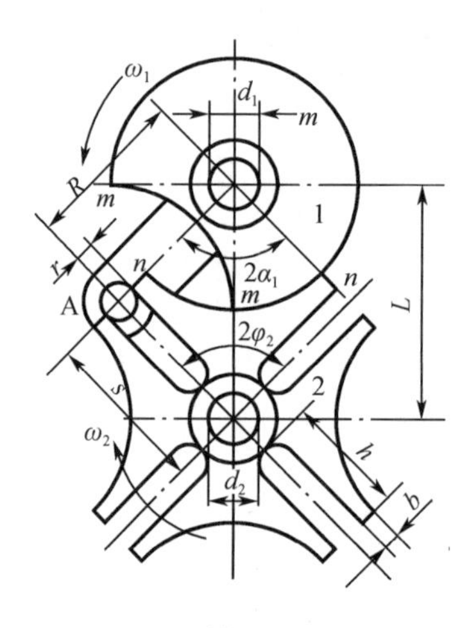

图 1.1.1　槽轮机构结构图

如图 1.1.1 所示为圆销 A 刚进入槽轮 2 径向槽时的位置,此时槽轮的内凹锁止弧也刚被松开。

此后,槽轮 2 受圆销 A 的驱使而转动。而圆销 A 在另一边离开径向槽时,槽轮的内凹锁止弧又被卡住,槽轮 2 又静止不动。直至圆销 A 进入槽轮 2 的另一个径向槽,又重复上述运动。所以,槽轮 2 做时动时停的间歇运动。

槽轮机构结构简单,外形尺寸小,机械效率高,并能较平稳地、间歇地进行转位,但因为其传动时尚存在柔性冲击,故常用于速度不太高的场合。锁止弧的作用是防逆转,使静止可靠。

2. 槽轮机构的工作原理

曲柄连续回转,靠圆销与径向槽的啮合与脱开带动槽轮做周期性时动时停的间歇运动。曲柄与槽轮转向相反。

3. 槽轮机构的特点

无刚性冲击,运动平稳性比棘轮机构好,转角不可以调节,不能用于高速场合。

4. 内啮合槽轮机构

内啮合槽轮机构曲柄转向与槽轮转向相同,相较于外啮合槽轮机构,其槽轮静止时间短、运动平稳性好,圆销数目为 1。

5. 槽轮传动机构实训装置

本任务使用的槽轮传动机构实训装置为外啮合槽轮机构,其装配图如图 1.1.3 所示。

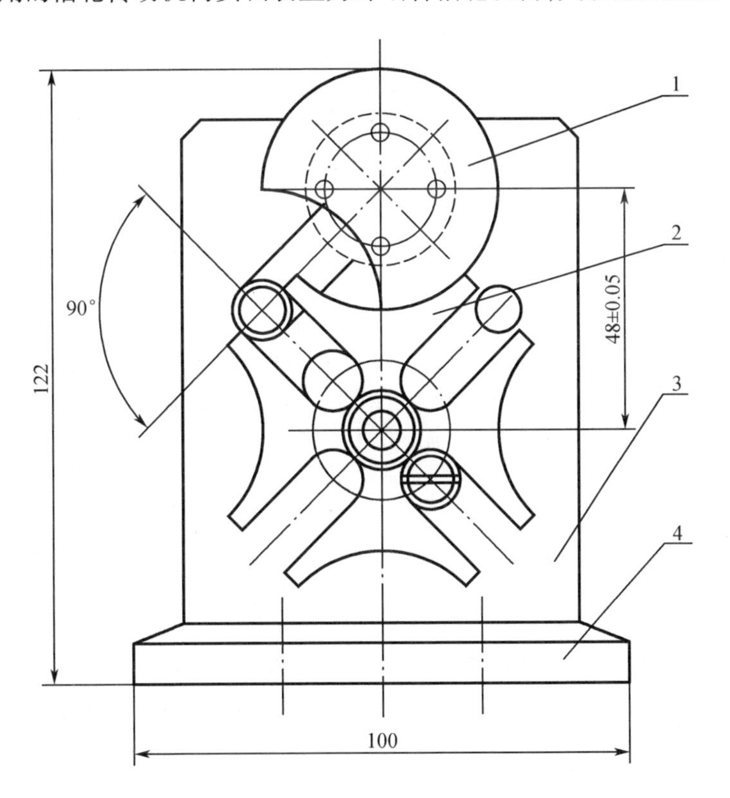

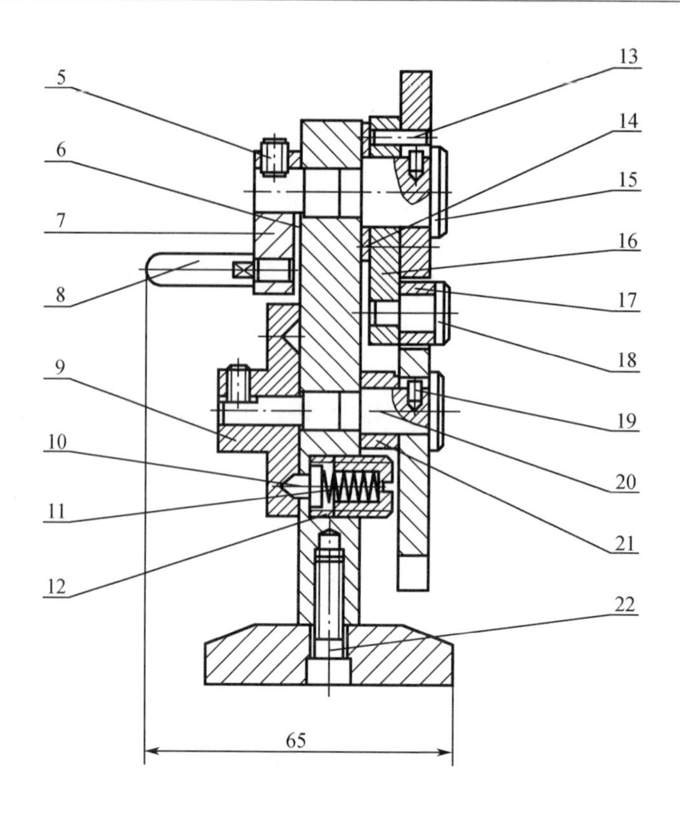

序号	图　号	名　　称	数量	材料	备　注	序号	图　号	名　　称	数量	材料	备　注
1	2.1.2－01	盘　　轮	1	45号钢	备　件	13	GB/T119.1—2000	圆柱销	4		$\phi3\times12$
2	2.1.2－02	槽　　轮	1	45号钢	备　件	14	2.1.2－11	垫　圈　2	1	Q235A	备　件
3	2.1.2－03	机构支架	1	45号钢	备　件	15	2.1.2－12	主动轴	1	45号钢	备　件
4	2.1.2－04	支架底座	1	45号钢	备　件	16	2.1.2－13	曲　　柄	1	45号钢	备　件
5	GB 171—1985	内六角紧定螺钉	2		M5×8	17	2.1.2－14	曲柄销套	1	Q235A	备　件
6	2.1.2－05	垫　圈　1	1	Q235A	备　件	18	2.1.2－15	曲柄销	1	45号钢	备　件
7	2.1.2－06	摇　　杆	1	Q235A	备　件	19	GB/T 119.1—2000	圆柱销	2		$\phi3\times8$
8	2.1.2－07	摇手杆	1	45号钢	备　件	20	2.1.2－16	被动轴	1	45号钢	备　件
9	2.1.2－08	定位盘	1	Q235A	备　件	21	2.1.2－17	隔　　圈	1	Q235A	备　件
10	2.1.2－09	定位销	1	45号钢	备　件	22	GB/T 701—2000	内六角螺钉	2		M5×16
11	081－7	弹　　簧	1		$\phi0.8\times5\times12$	机构名称		图　　号	鉴定项目		操作时限
12	2.1.2－10	弹簧套	1	45号钢	备　件	槽轮传动机构		2.1.2－00	传动机构装配		45分钟

图1.1.3　槽轮传动机构实训装置装配图

槽轮传动机构实训装置零件图如图 1.1.4 所示。

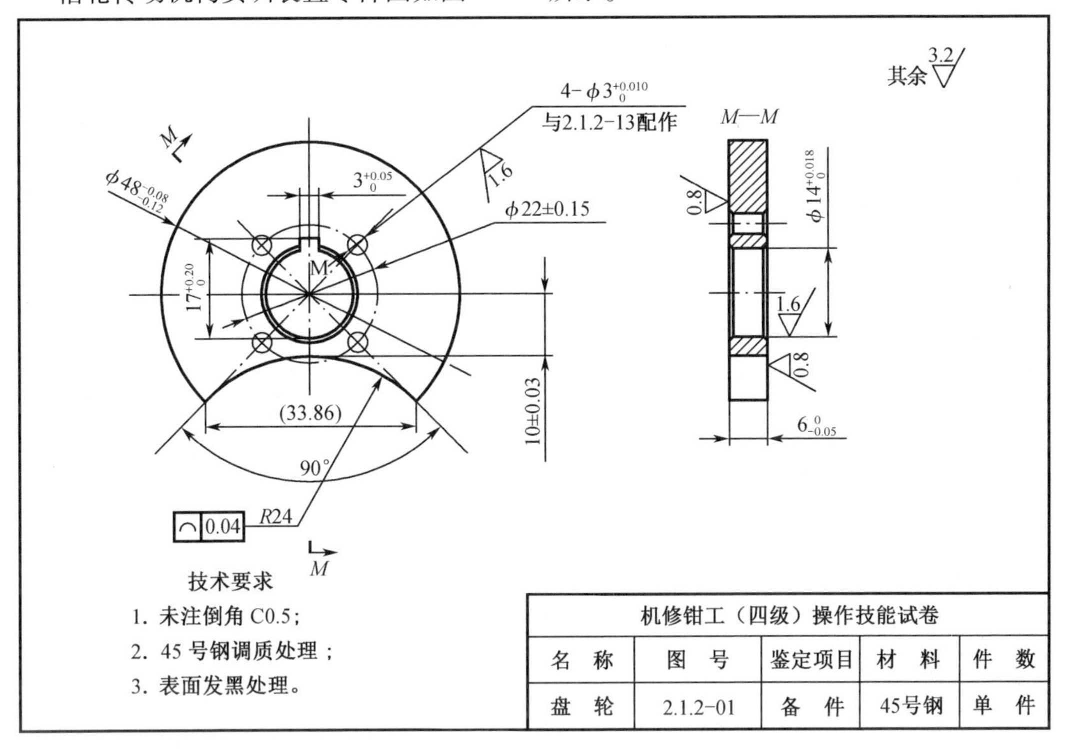

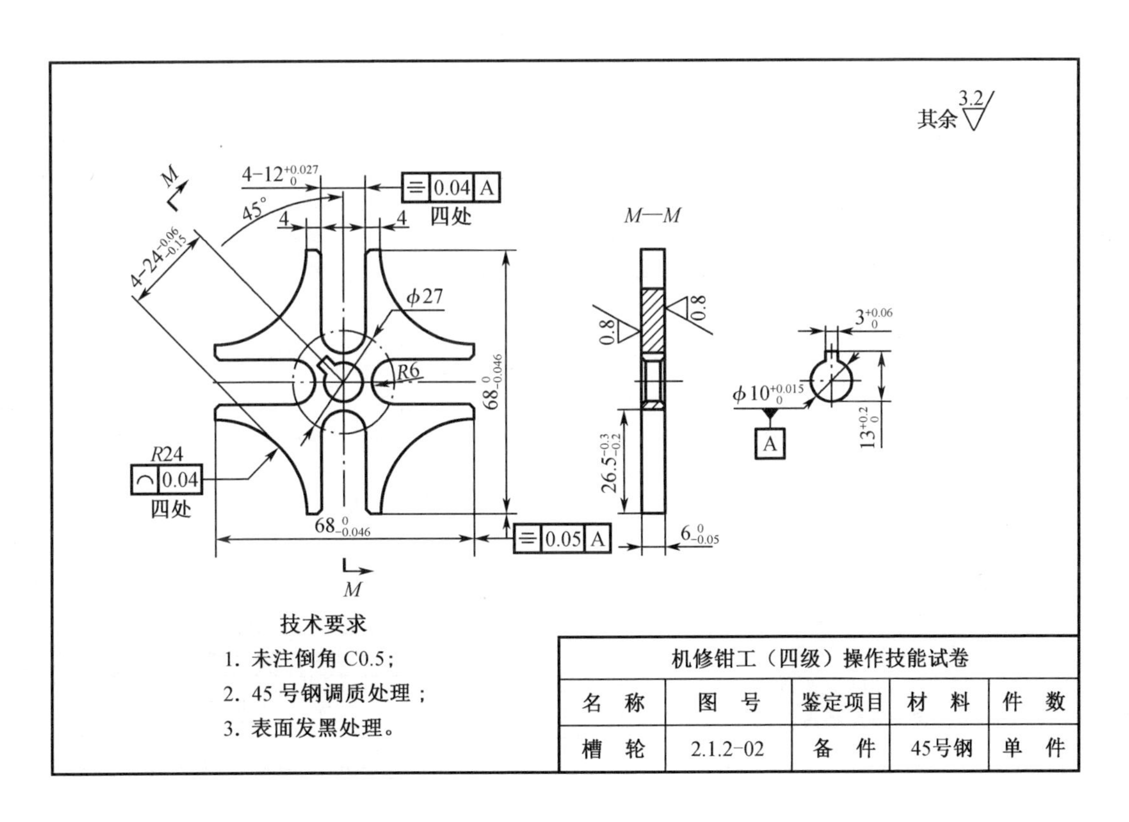

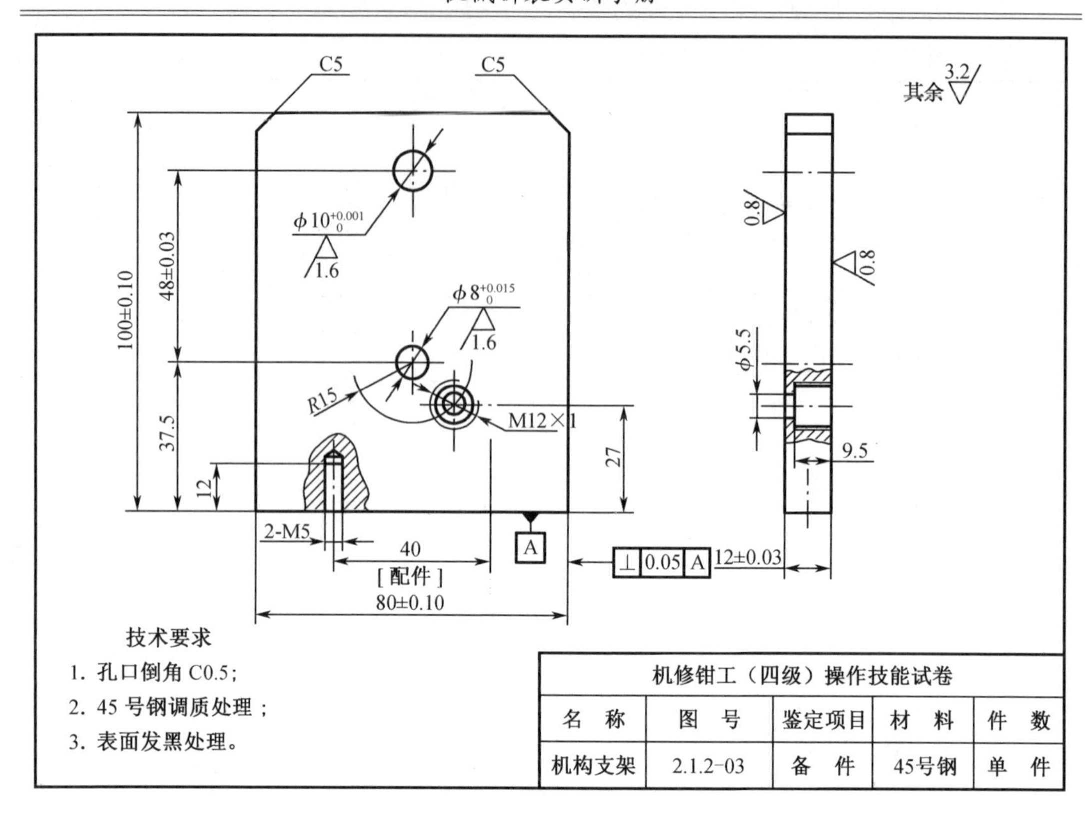

技术要求

1. 孔口倒角 C0.5;
2. 45 号钢调质处理；
3. 表面发黑处理。

机修钳工（四级）操作技能试卷				
名 称	图 号	鉴定项目	材 料	件 数
机构支架	2.1.2-03	备 件	45号钢	单 件

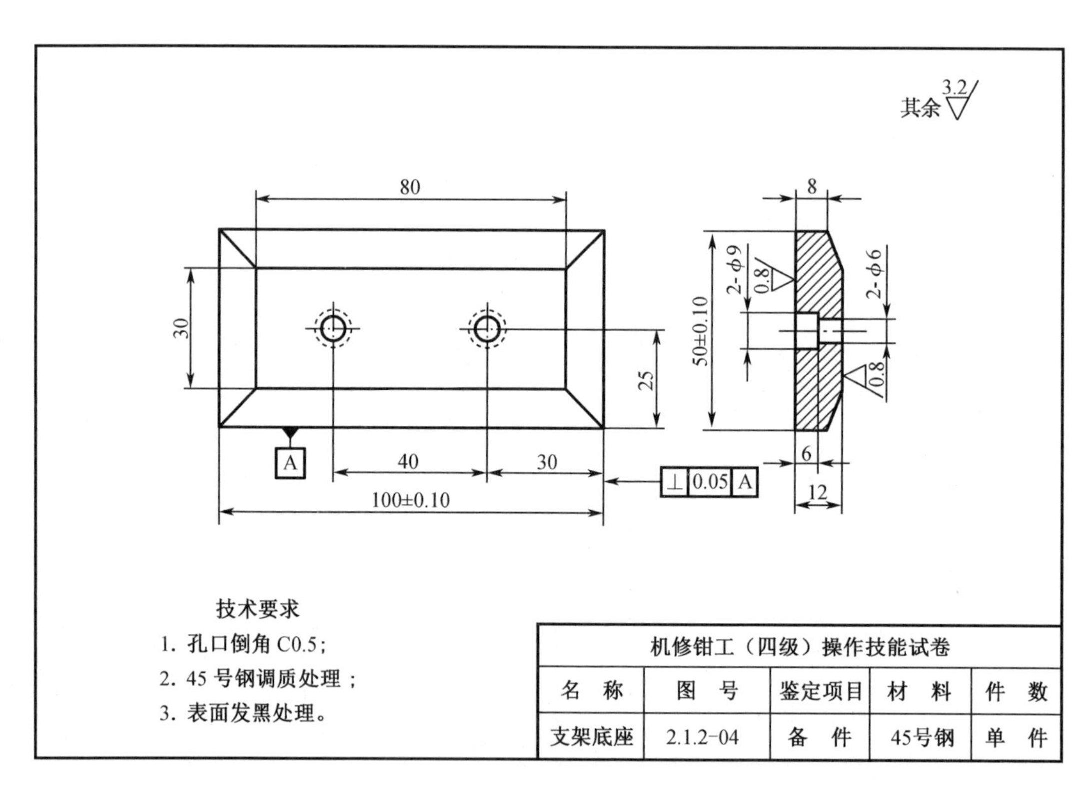

技术要求

1. 孔口倒角 C0.5;
2. 45 号钢调质处理；
3. 表面发黑处理。

机修钳工（四级）操作技能试卷				
名 称	图 号	鉴定项目	材 料	件 数
支架底座	2.1.2-04	备 件	45号钢	单 件

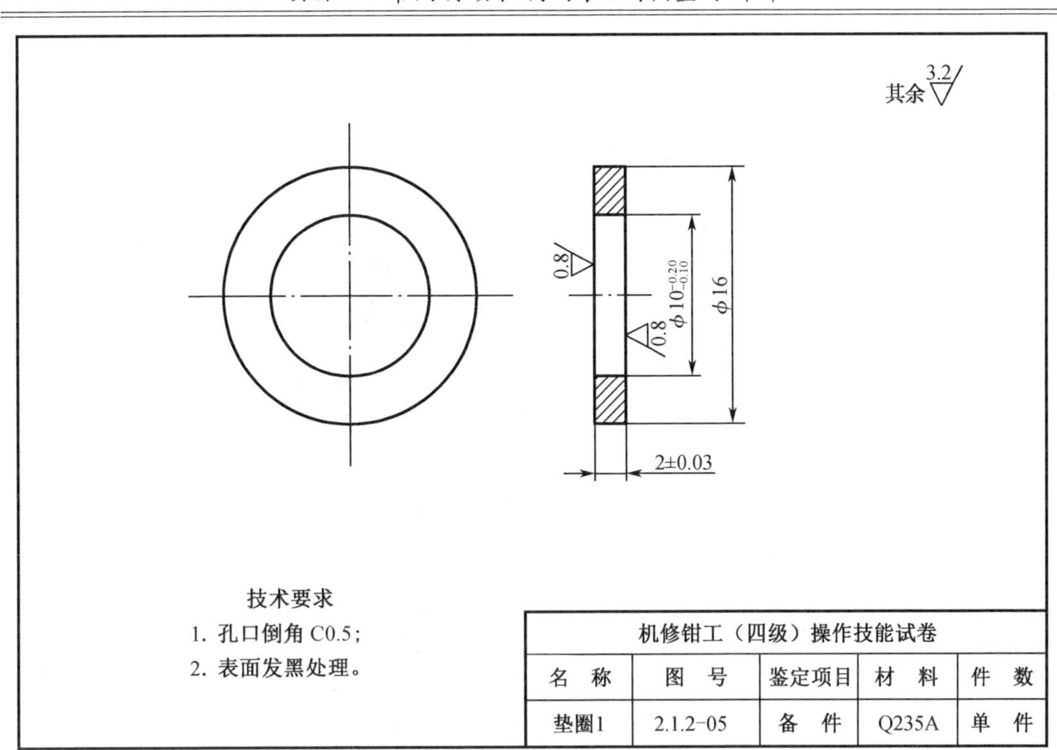

技术要求

1. 孔口倒角 C0.5；
2. 表面发黑处理。

机修钳工（四级）操作技能试卷				
名　称	图　号	鉴定项目	材　料	件　数
垫圈1	2.1.2-05	备　件	Q235A	单　件

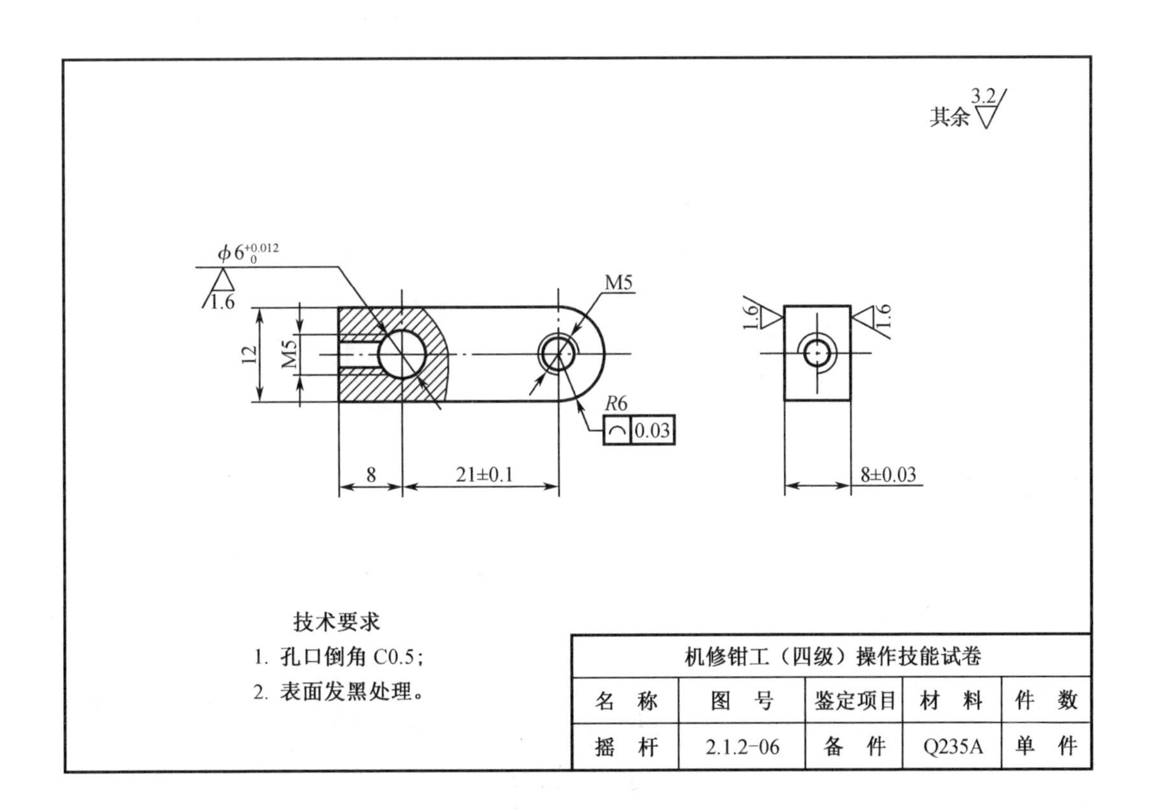

技术要求

1. 孔口倒角 C0.5；
2. 表面发黑处理。

机修钳工（四级）操作技能试卷				
名　称	图　号	鉴定项目	材　料	件　数
摇　杆	2.1.2-06	备　件	Q235A	单　件

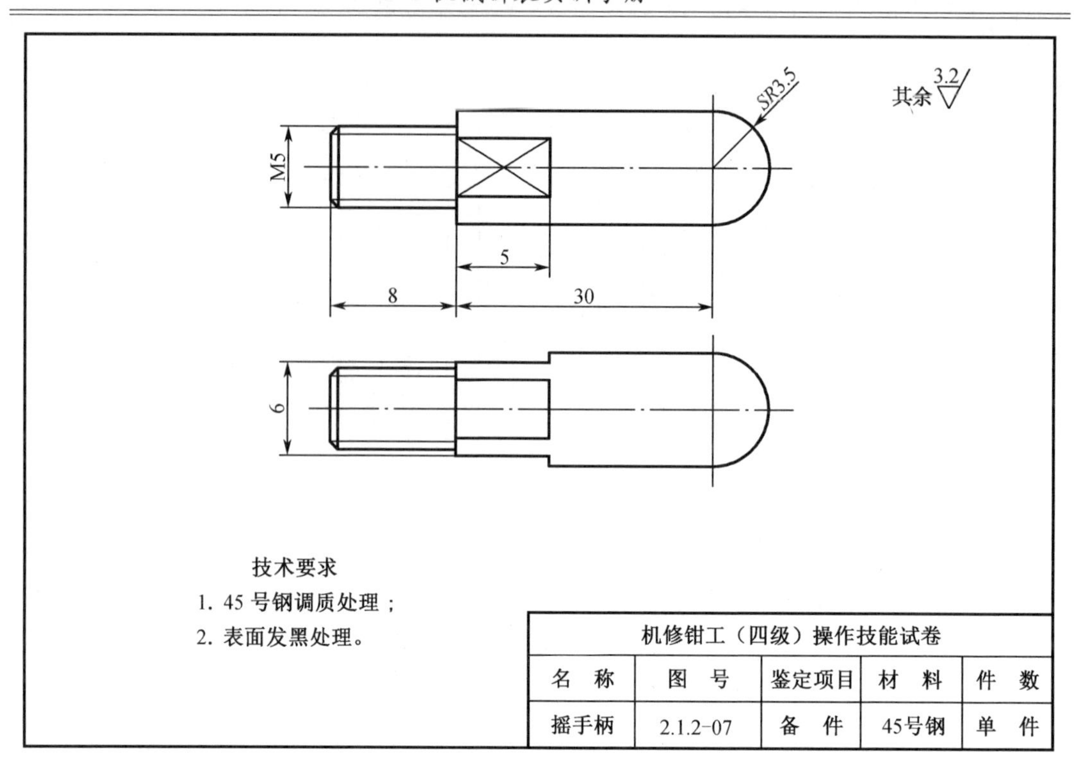

技术要求

1. 45 号钢调质处理；
2. 表面发黑处理。

机修钳工（四级）操作技能试卷				
名　称	图　号	鉴定项目	材　料	件　数
摇手柄	2.1.2-07	备　件	45号钢	单　件

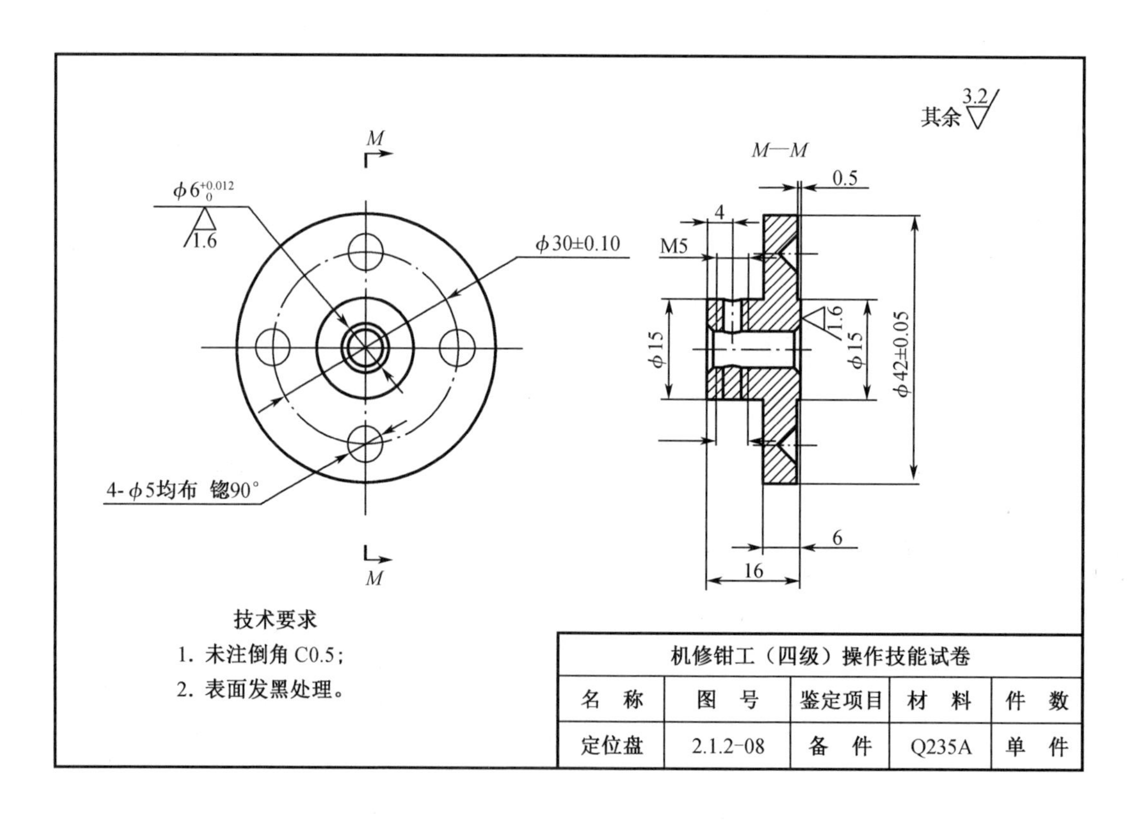

技术要求

1. 未注倒角 C0.5;
2. 表面发黑处理。

机修钳工（四级）操作技能试卷				
名　称	图　号	鉴定项目	材　料	件　数
定位盘	2.1.2-08	备　件	Q235A	单　件

其余 3.2

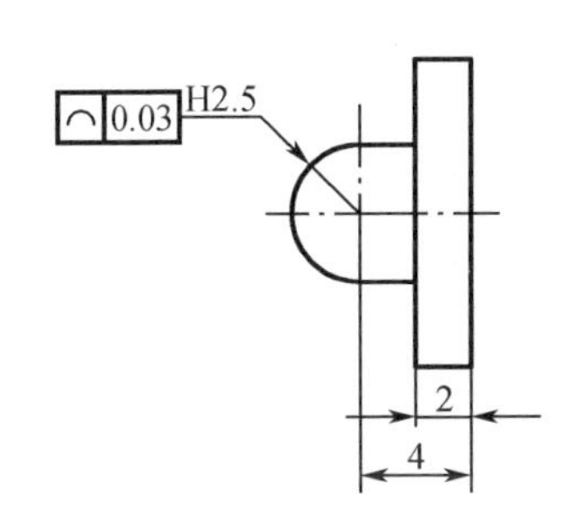

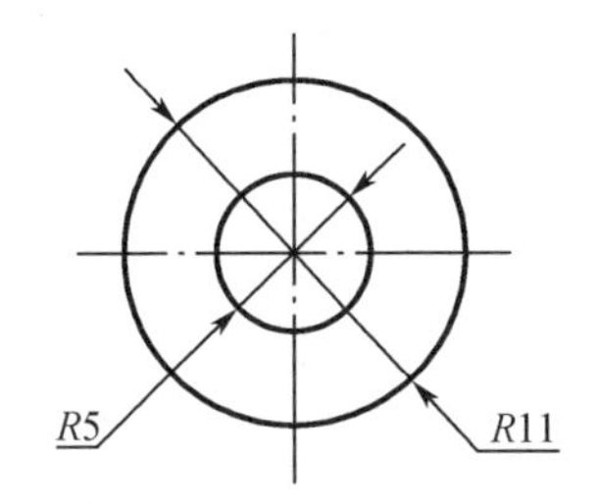

技术要求

1. 球头部分热处理淬火至 HRC52;
2. 45 号钢调质处理；
3. 表面发黑处理。

机修钳工（四级）操作技能试卷				
名　称	图　号	鉴定项目	材　料	件　数
定位销	2.1.2-09	备　件	45号钢	单　件

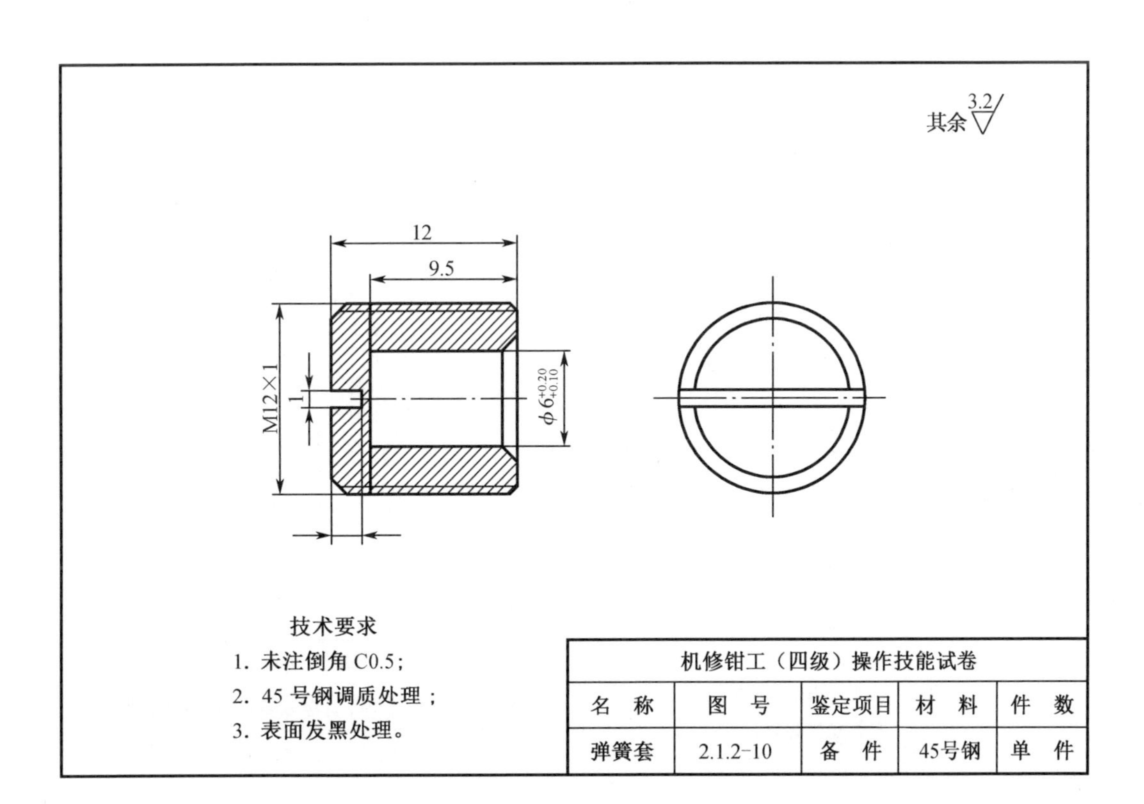

技术要求

1. 未注倒角 C0.5;
2. 45 号钢调质处理；
3. 表面发黑处理。

机修钳工（四级）操作技能试卷				
名　称	图　号	鉴定项目	材　料	件　数
弹簧套	2.1.2-10	备　件	45号钢	单　件

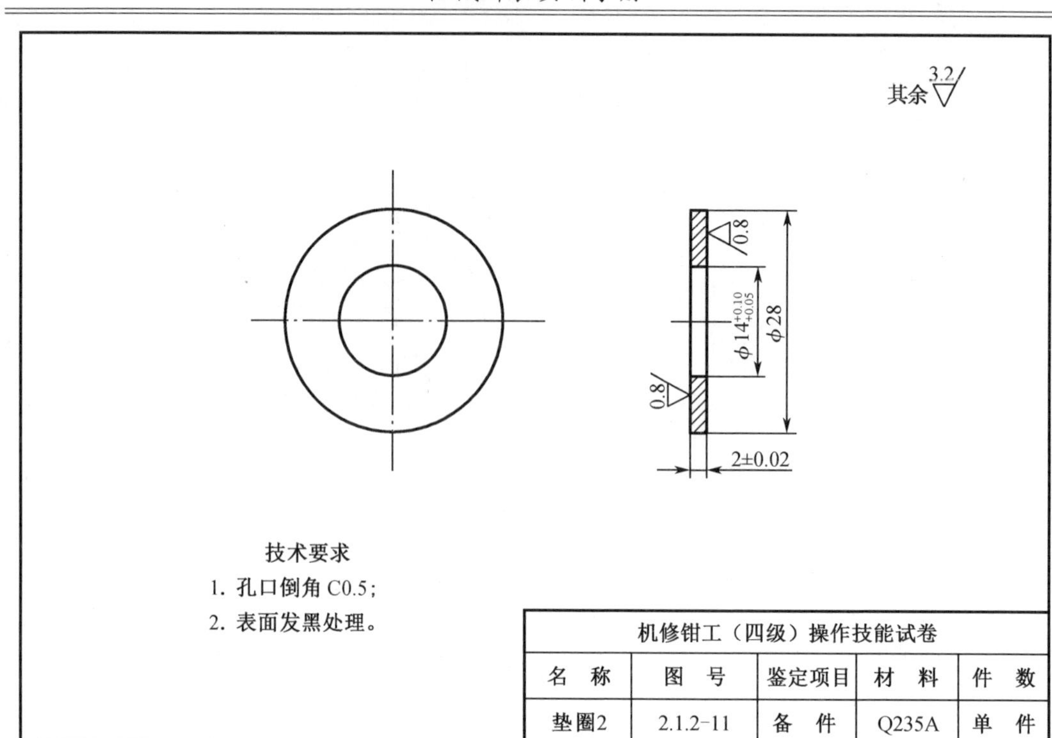

技术要求

1. 孔口倒角 C0.5;
2. 表面发黑处理。

机修钳工（四级）操作技能试卷				
名　称	图　号	鉴定项目	材　料	件　数
垫圈2	2.1.2-11	备　件	Q235A	单　件

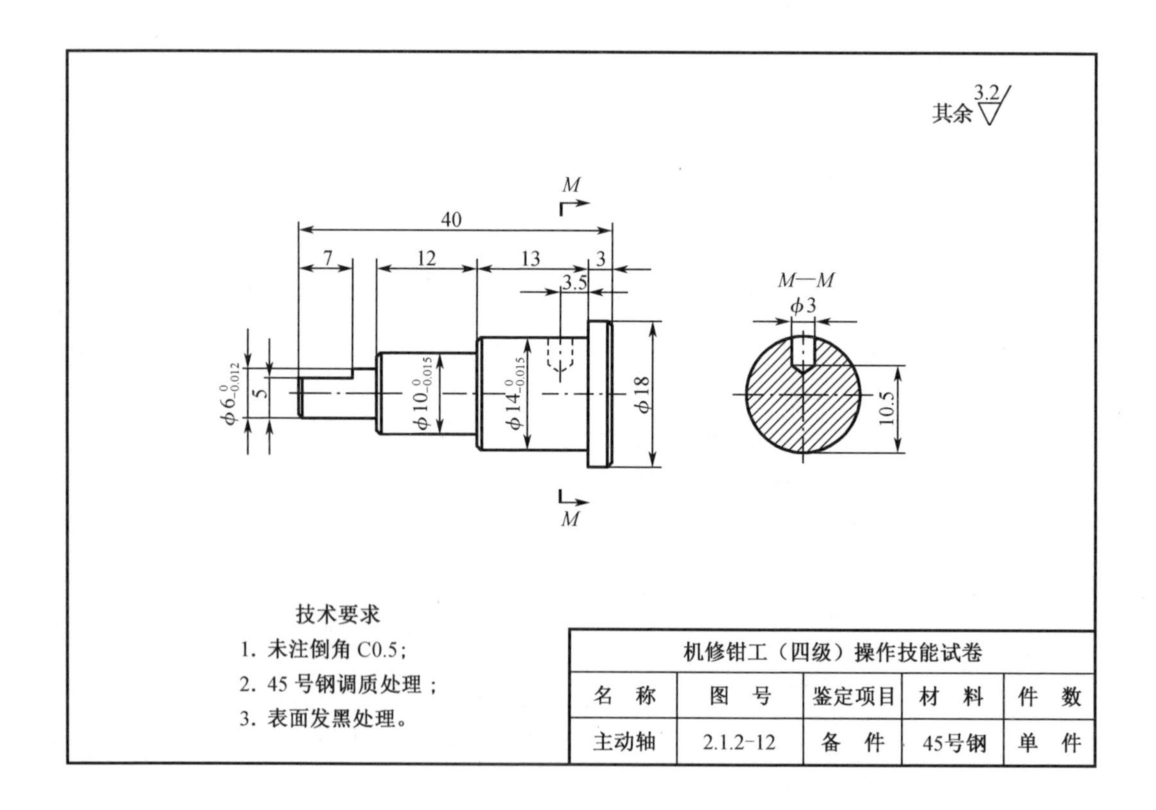

技术要求

1. 未注倒角 C0.5;
2. 45 号钢调质处理；
3. 表面发黑处理。

机修钳工（四级）操作技能试卷				
名　称	图　号	鉴定项目	材　料	件　数
主动轴	2.1.2-12	备　件	45号钢	单　件

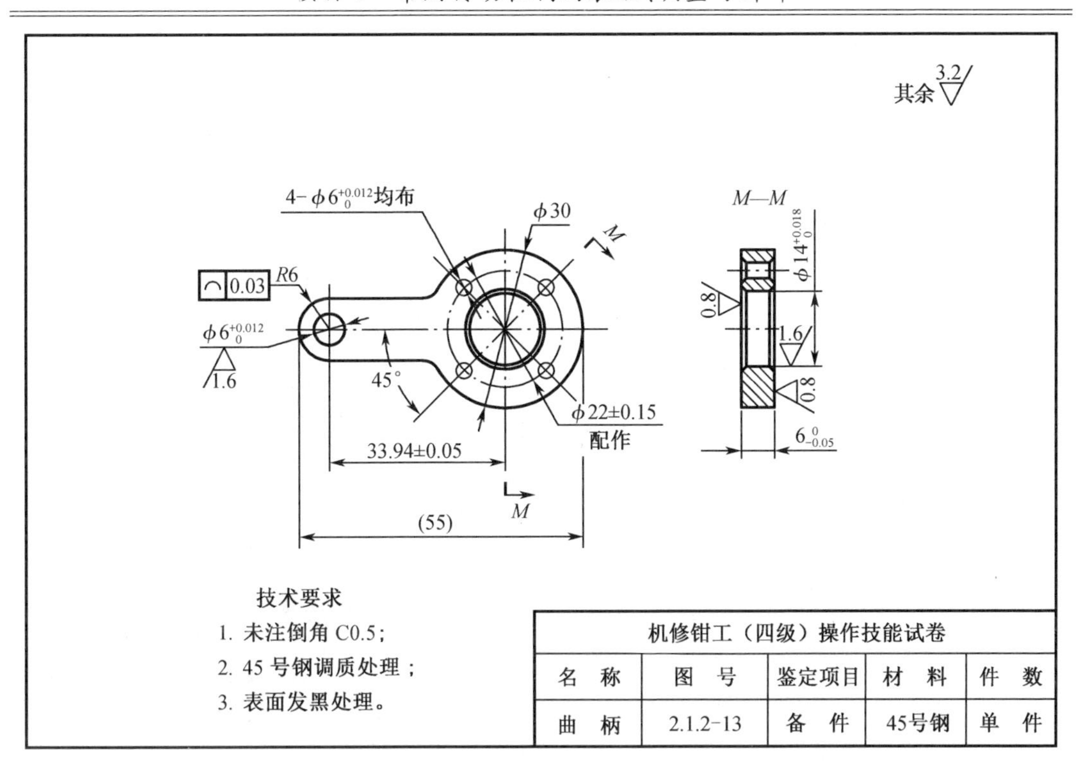

技术要求

1. 未注倒角 C0.5;
2. 45 号钢调质处理；
3. 表面发黑处理。

机修钳工（四级）操作技能试卷				
名　称	图　号	鉴定项目	材　料	件　数
曲　柄	2.1.2-13	备　件	45号钢	单　件

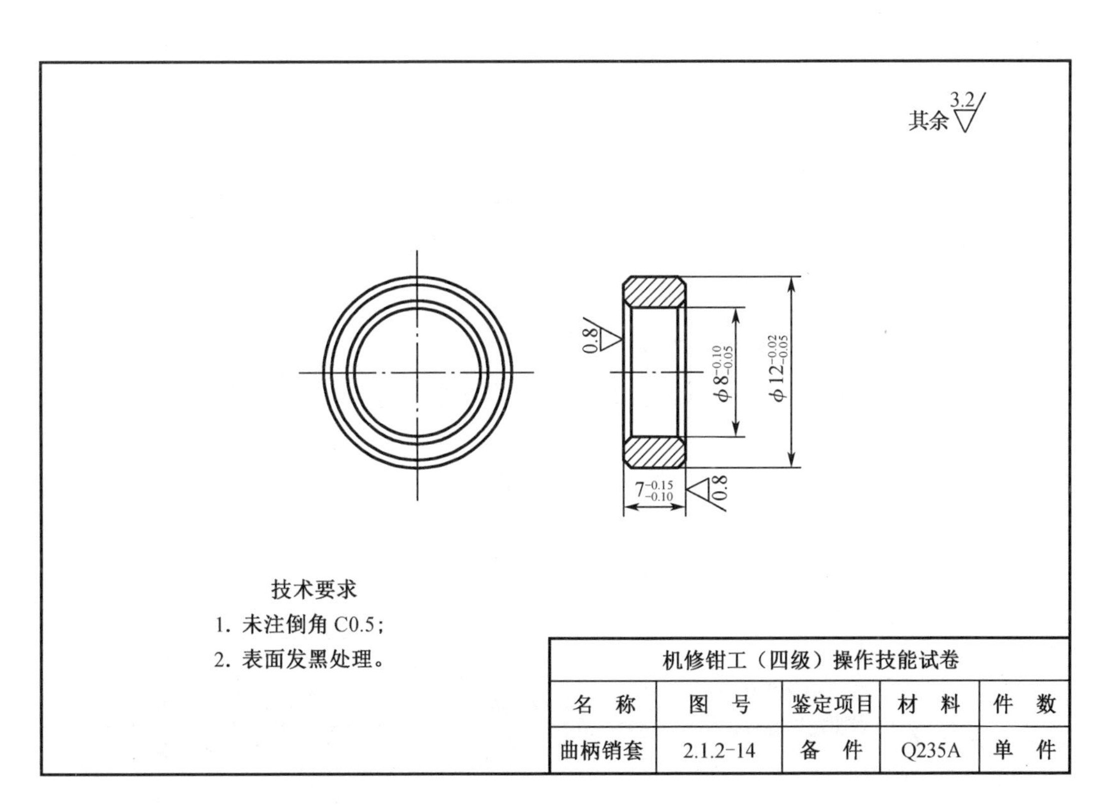

技术要求

1. 未注倒角 C0.5;
2. 表面发黑处理。

机修钳工（四级）操作技能试卷				
名　称	图　号	鉴定项目	材　料	件　数
曲柄销套	2.1.2-14	备　件	Q235A	单　件

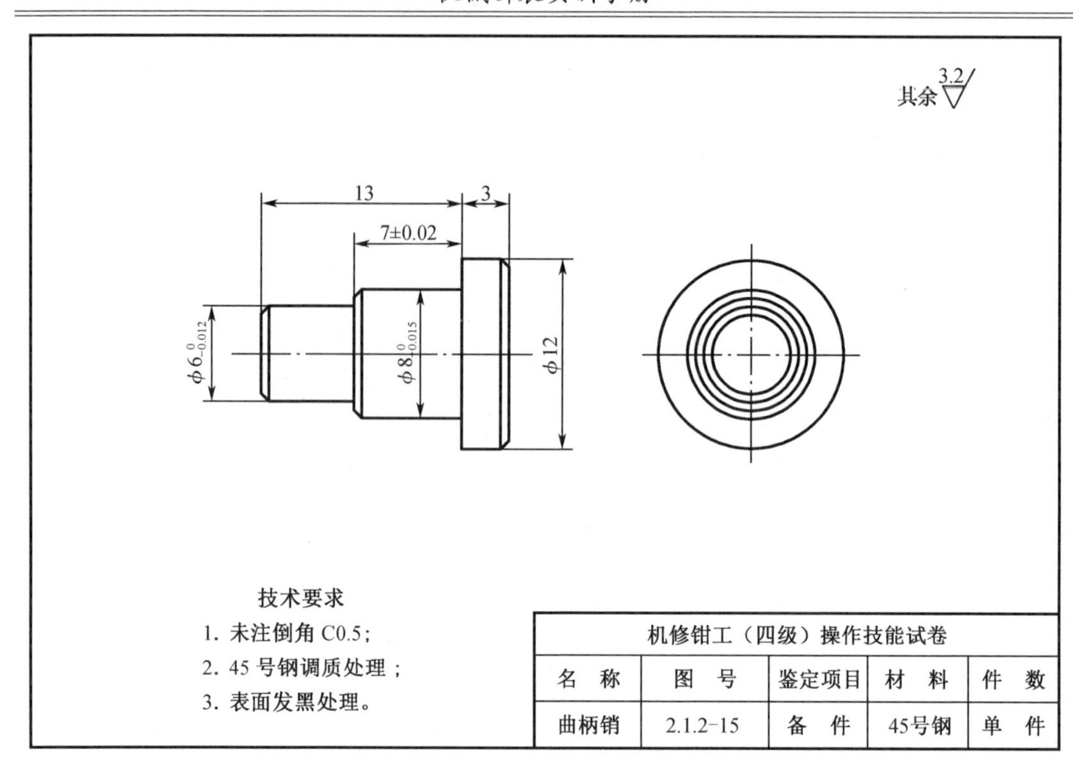

技术要求

1. 未注倒角 C0.5;
2. 45 号钢调质处理；
3. 表面发黑处理。

机修钳工（四级）操作技能试卷				
名　称	图　号	鉴定项目	材　料	件　数
曲柄销	2.1.2-15	备　件	45号钢	单　件

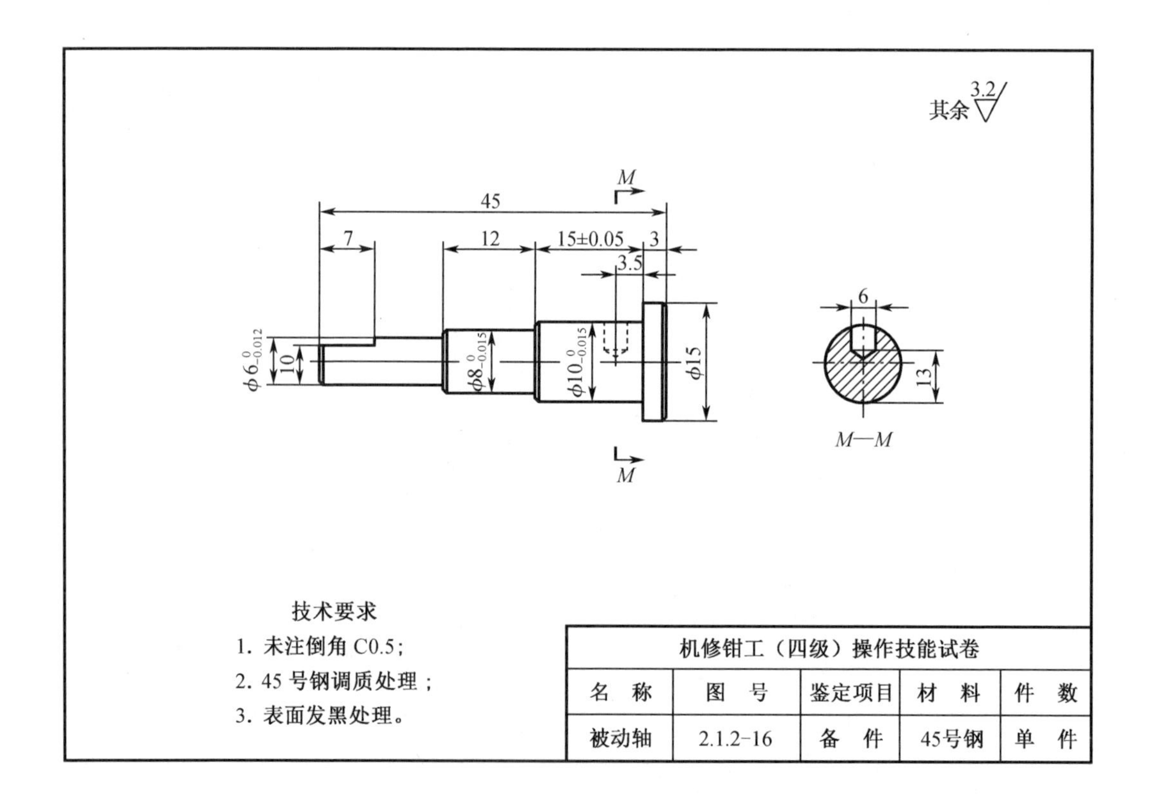

技术要求

1. 未注倒角 C0.5;
2. 45 号钢调质处理；
3. 表面发黑处理。

机修钳工（四级）操作技能试卷				
名　称	图　号	鉴定项目	材　料	件　数
被动轴	2.1.2-16	备　件	45号钢	单　件

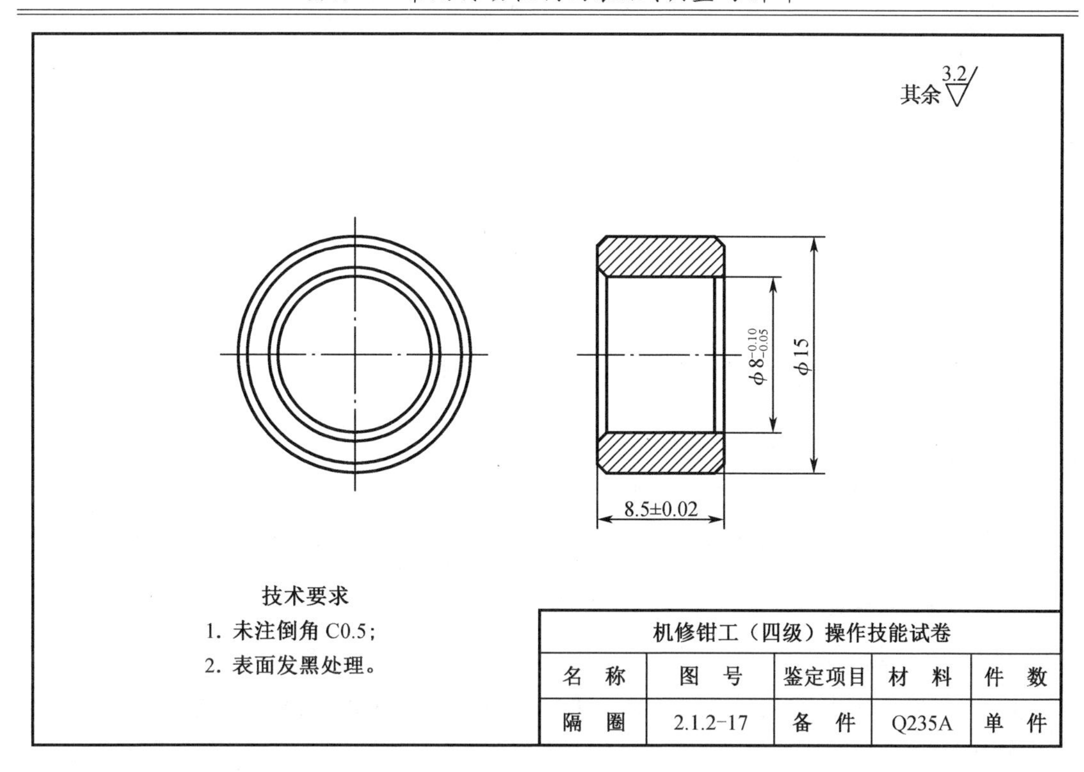

图 1.1.4　槽轮传动机构实训装置零件图

1.1.5　任务实施

1. 任务实施前准备

(1)自主查阅资料,分组观察槽轮传动机构实训装置,认知槽轮传动机构组成及功能,并将相应内容填入下方空白区域。

基本组成:

功能描述:

（2）梳理槽轮传动机构实训装置的基本传动路线并绘制于下方空白区域。

2. 拆装注意事项

（1）正确着装，穿好劳动防护服、绝缘鞋，戴好护目镜；
（2）切断机床电源，悬挂好“正在维修”标识牌；
（3）合理规范地使用各种拆装工具；
（4）拆卸下来的零件有序、整齐、规范地放置在指定区域；
（5）装配时做好清洁、保养工作。

3. 任务实施步骤

（1）装配与调试

步骤一：检查清点操作工具和量具是否齐全，清点传动机构零部件及标准件是否完好和齐全。

步骤二：清洗、清理各个零部件。

（2）装配与调整检测

槽轮传动机构装配需进行适当的调整，对调整及检测效果的要求如下：

①传动机构中主动轴15装配与调整后转动灵活，轴向无明显窜动；
②传动机构中被动轴20装配与调整后转动灵活，轴向无明显窜动；
③传动机构中定位盘9及定位装置装配与调整后定位准确；
④传动机构装配与调整后运转平稳，无冲击和卡阻现象；
⑤传动机构中所有螺钉连接紧固到位。

进行相应的检测后，填写槽轮传动机构装配与调整自检表（表1.1.1），以便教师检查。

表1.1.1　槽轮传动机构装配与调整自检表

姓名		日期	
序号	检查项目	学生自检	教师确认
1	传动机构中主动轴15装配与调整后转动灵活，轴向无明显窜动		
2	传动机构中被动轴20装配与调整后转动灵活，轴向无明显窜动		
3	传动机构中定位盘9及定位装置装配与调整后定位准确		
4	传动机构装配与调整后运转平稳，无冲击和卡阻现象		
5	传动机构中所有螺钉连接紧固到位		

(3)槽轮传动机构拆卸

完成传动机构装配与调整,待教师确认评分后方可进行拆卸操作。需要注意的是:

①传动机构中曲柄16、盘轮1与圆柱销13(4 - ϕ3 × 12)的连接不拆卸;

②传动机构中主动轴15与被动轴20上的圆柱销19(2 - ϕ3 × 8)不拆卸;

③传动机构中曲柄销18、曲柄销套17与曲柄16的连接不拆卸。

步骤一:检查清点操作工具和量具是否齐全。

步骤二:清点拆卸下的传动机构零部件及标准件是否完好和齐全。

步骤三:清洗、清理各个零部件,放在指定工具箱内。

4. 任务实施后整理工作

传动机构和工量具整理归位,清理工作台面,量具按要求保养封存。

1.1.6　任务评价

根据学生的完成情况,进行槽轮传动机构装配、调整与拆卸实训评价。教师评价时可以采用提问方式逐项评价,可以事先发给学生思考题。表1.1.2为槽轮传动机构装配、调整与拆卸评分表。

表1.1.2　槽轮传动机构装配、调整与拆卸评分表

课题			姓　名	
日期			总得分	
序号	评价内容	配分		
1	装配与调整工量具使用正确	5		
2	传动机构中主动轴15装配与调整后转动灵活,轴向无明显窜动	15		
3	传动机构中被动轴20装配与调整后转动灵活,轴向无明显窜动	15		
4	传动机构中定位盘9及定位装置装配与调整后定位准确	15		
5	传动机构装配与调整后运转平稳,无冲击和卡阻现象	25		
6	传动机构中所有螺钉连接紧固到位	5		
7	拆卸工艺正确,拆卸后零部件、标准件摆放整齐	10		
8	安全文明操作	10		

1.1.7　总结提升

列出在本任务中新认识的专业词汇、学到的知识点、学会使用的工具、掌握的技能。

1. 新的专业词汇:______________________________

____

2. 新的知识点:______________________________

____

3. 新的工具：____

____

4. 新的技能：____

____

任务 1.2　摇杆滑道传动机构的装配、调整与拆卸

1.2.1　学习目标

1. 知识目标

(1)掌握摇杆滑道传动机构的组成；
(2)了解摇杆滑道传动机构的结构及功用；
(3)了解摇杆滑道传动机构的工作状态。

2. 能力目标

(1)能按正确工艺完成摇杆滑道传动机构装配与拆卸；
(2)能依据摇杆滑道传动机构运动情况对其进行适当的调整。

3. 情感目标

(1)主动获取信息，团结协作，养成安全文明生产的习惯；
(2)增长见识，激发兴趣。

1.2.2　任务描述

摇杆滑道传动机构是机械装配考核模块的重要组成部分。对摇杆滑道传动机构的基本组成、工作原理有较清晰的认识，可以更好地完成摇杆滑道传动机构装配、调整与拆卸训练。

1.2.3　任务准备

设备：钳桌、台虎钳、摇杆滑道传动机构、摇杆滑道操作机构、配套工量具及机构工量具箱。

着装：劳动防护服、绝缘鞋等。

1.2.4　知识准备

1. 摇杆滑道传动机构的组成

摇杆滑道传动机构是曲柄滑块机构的一种，其典型结构如图 1.2.1 所示，是用曲柄和滑块来实现转动和移动相互转换的平面连杆机构。曲柄滑块机构中与机架构成移动副的构件为滑块，通过转动副连接曲柄和滑块的构件为连杆。

图 1.2.1　摇杆滑道传动机构典型结构

2. 摇杆滑道传动机构实训装置

本任务使用的摇杆滑道传动机构实训装置装配图如图 1.2.2 所示。

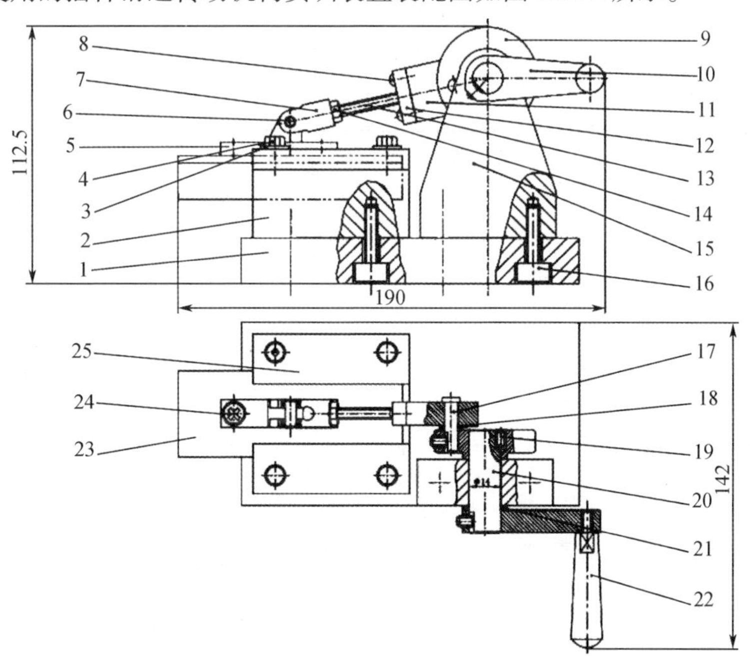

序号	图　号	名　称	数量	材料	备　注	序号	图　号	名　称	数量	材料	备　注
1	2.1.1－01	底　座	1	HT200	备　件	15	2.1.1－09	座　架	1	HT200	备　件
2	2.1.1－02	滑　道	1	HT200	备　件	16	GB/T 701—2000	内六角螺钉	6		M6×25
3	GB 97.1—1985	平垫圈	4		$\phi5$	17	2.1.1－10	销　轴	1	45号钢	备　件
4	GB/T 5783—2000	外六角螺钉	4		M5×16	18	2.1.1－11	垫片1	1	Q235A	备　件
5	2.1.1－03	支　座	1	Q235A	备　件	19	GB/T 73—2000	内六角紧定螺钉	3		M5×8
6	GB/T 819.2—1997	圆柱销	1		$\phi5\times12$	20	2.1.1－12	转　轴	1	45号钢	备　件
7	2.1.1－04	接　头	1	Q235A	备　件	21	2.1.1－13	垫片2	1	Q235A	备　件
8	GB/T 73－2000	球头螺钉	2		M4×10	22	2.1.1－14	手　柄	1	Q235A	备　件
9	2.1.1－05	偏心轮	1	45号钢	备　件	23	2.1.1－15	滑　块	1	HT200	备　件
10	2.1.1－06	摇　臂	1	Q235A	备　件	24	GB/T 68—2000	平机螺钉	2		M5×12
11	2.1.1－07	连接块	1	Q235A	备　件	25	2.1.1－16	压　板	2	Q235A	备　件
12	2.1.1－08	盖　板	1	Q235A	备　件						
13	GB/T 73—2000	圆头螺钉	1		M5×40	机构名称		图　号	鉴定项目		操作时限
14	GB/T 6170—2000	外六角螺母	1	MT200	备　件	摇杆滑道传动机构		2.1.1－00	传动机构装配		45分钟

图1.2.2　摇杆滑道传动机构实训装置装配图

摇杆滑道传动机构实训装置零件图如图1.2.3所示。

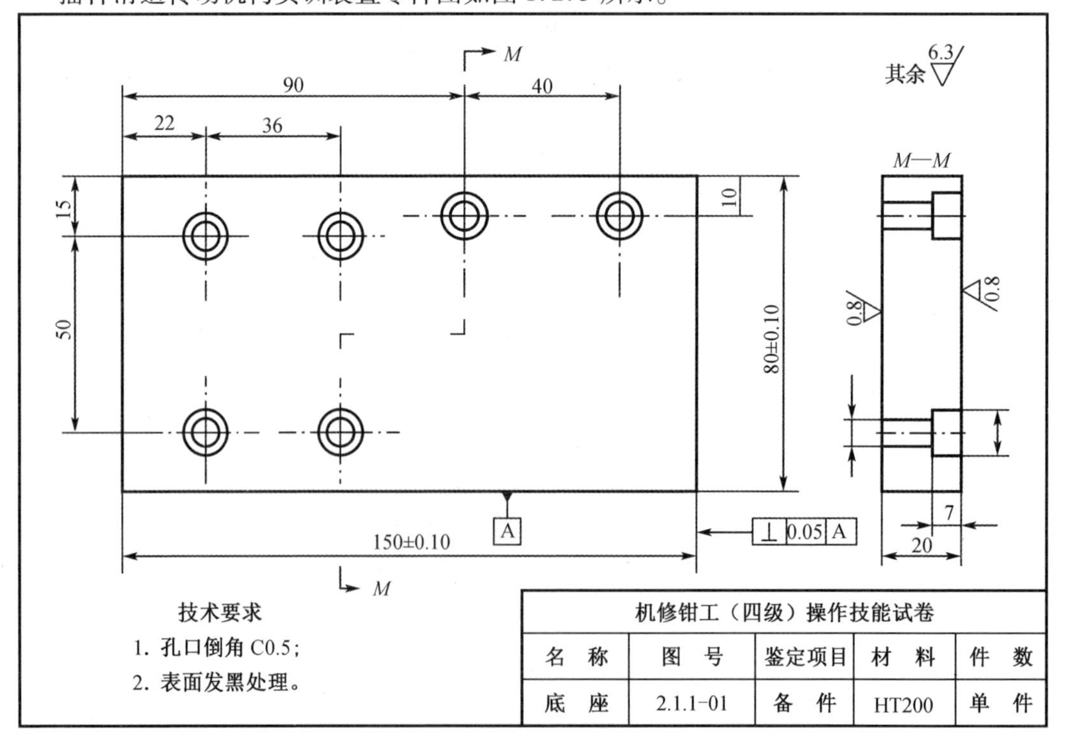

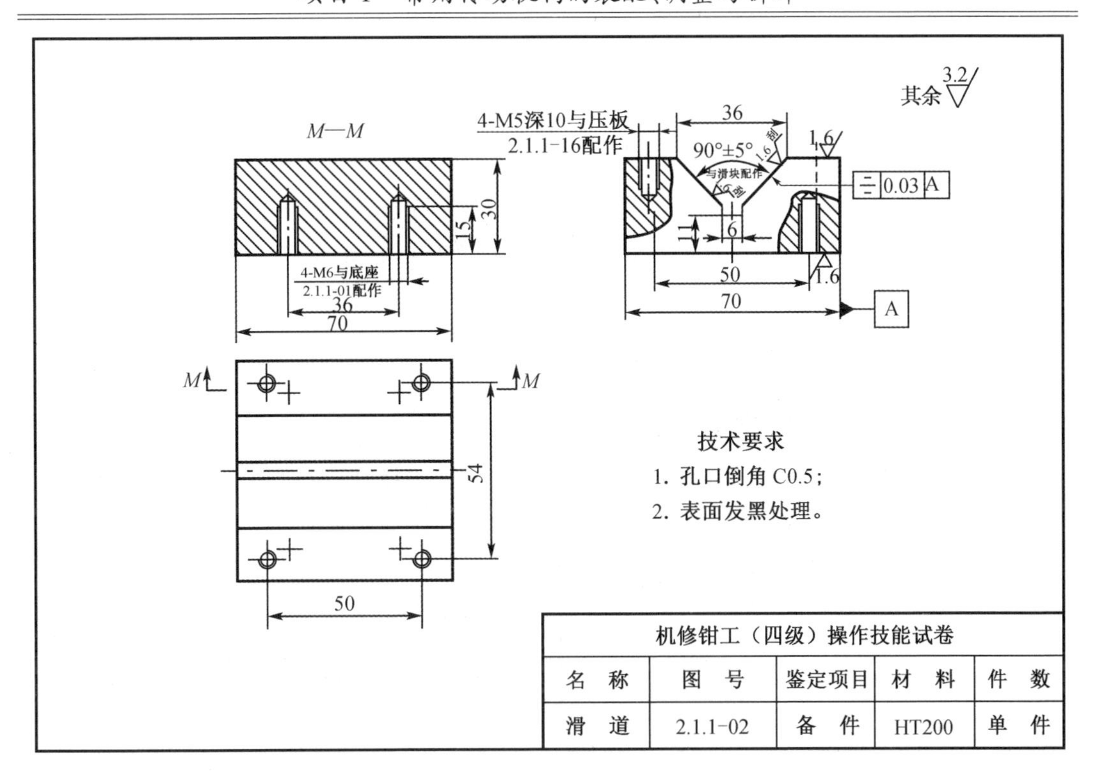
其余 3.2
M—M
4-M5深10与压板
2.1.1-16配作
36
90°±5°
1.6
与滑块配作
0.03 A
30
15
6
11
50
70
A
4-M6与底座
2.1.1-01配作
36
70
M
M
54
50
技术要求
1. 孔口倒角 C0.5;
2. 表面发黑处理。
机修钳工（四级）操作技能试卷
名　称
图　号
鉴定项目
材　料
件　数
滑　道
2.1.1-02
备　件
HT200
单　件

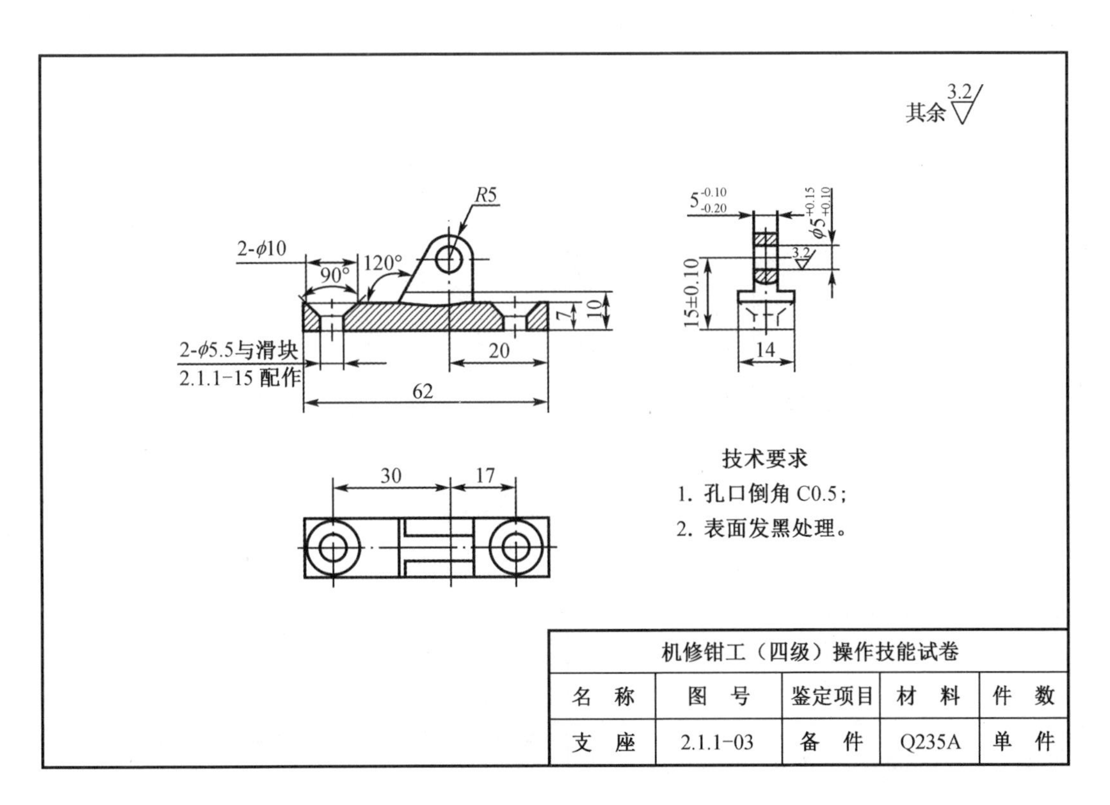
其余 3.2
R5
2-ϕ10
90°
120°
7
10
2-ϕ5.5与滑块
2.1.1-15 配作
20
62
5 -0.10 -0.20
ϕ5 +0.15 +0.10
3.2
15±0.10
14
30
17
技术要求
1. 孔口倒角 C0.5;
2. 表面发黑处理。
机修钳工（四级）操作技能试卷
名　称
图　号
鉴定项目
材　料
件　数
支　座
2.1.1-03
备　件
Q235A
单　件

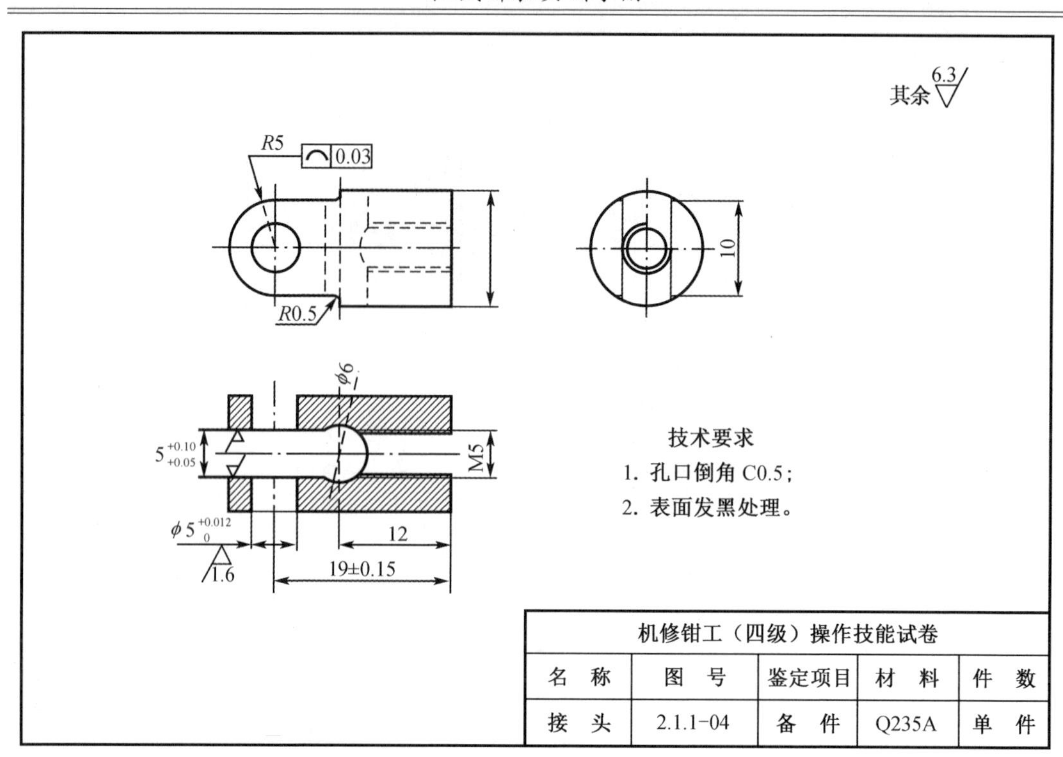

技术要求
1. 孔口倒角 C0.5；
2. 表面发黑处理。

机修钳工（四级）操作技能试卷				
名　称	图　号	鉴定项目	材　料	件　数
接　头	2.1.1-04	备　件	Q235A	单　件

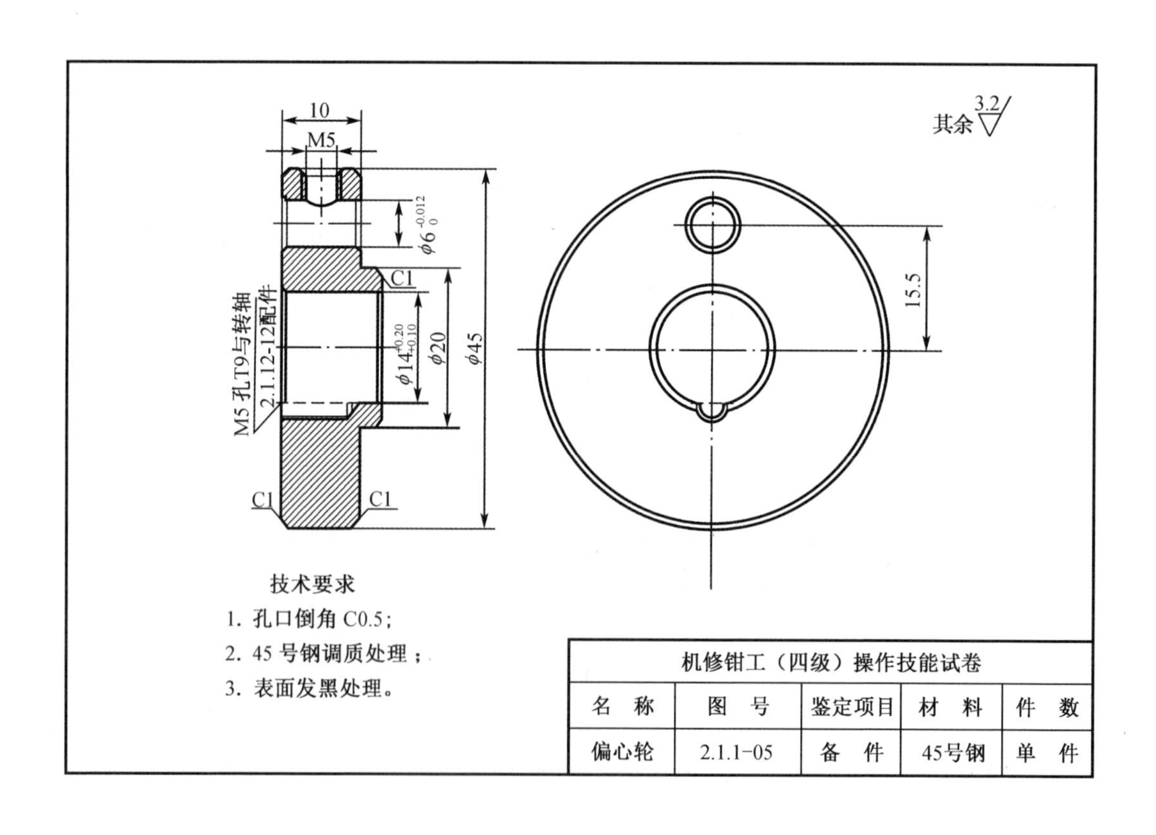

技术要求
1. 孔口倒角 C0.5；
2. 45 号钢调质处理；
3. 表面发黑处理。

机修钳工（四级）操作技能试卷				
名　称	图　号	鉴定项目	材　料	件　数
偏心轮	2.1.1-05	备　件	45号钢	单　件

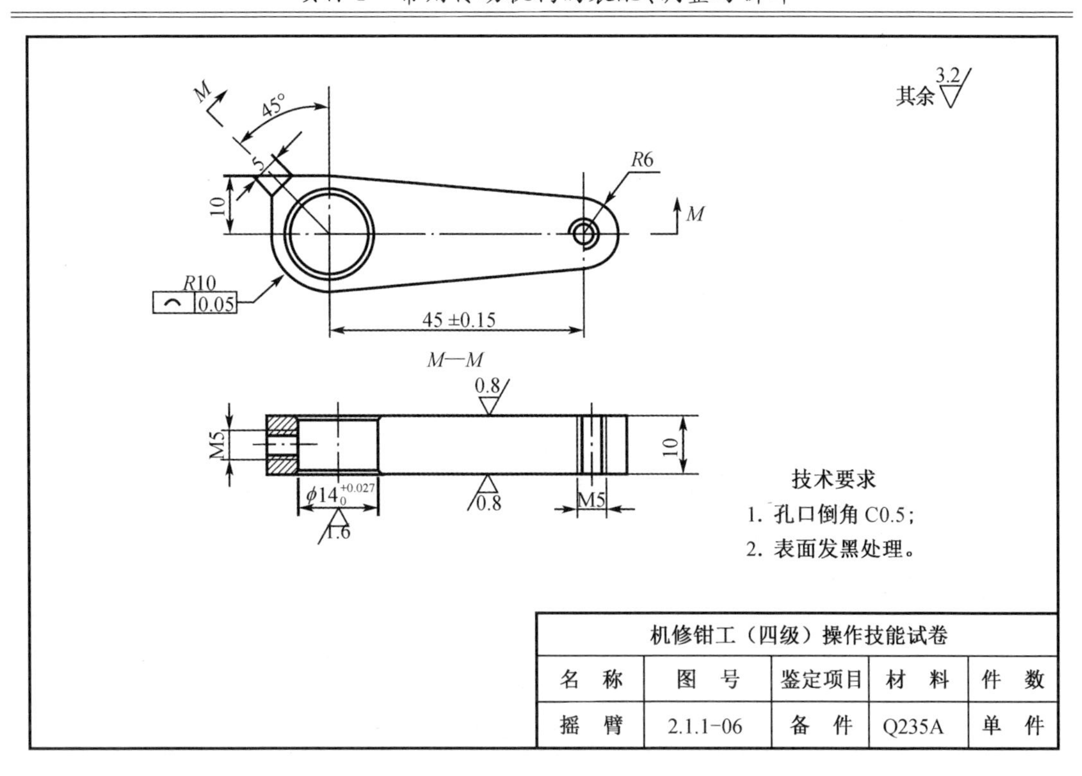

其余 3.2
M
45°
5
10
R6
M
R10
0.05
45 ±0.15
M—M
0.8
M5
10
φ14 +0.027 0
0.8
M5
1.6
技术要求
1. 孔口倒角 C0.5;
2. 表面发黑处理。
机修钳工（四级）操作技能试卷
名　称
图　号
鉴定项目
材　料
件　数
摇　臂
2.1.1-06
备　件
Q235A
单　件

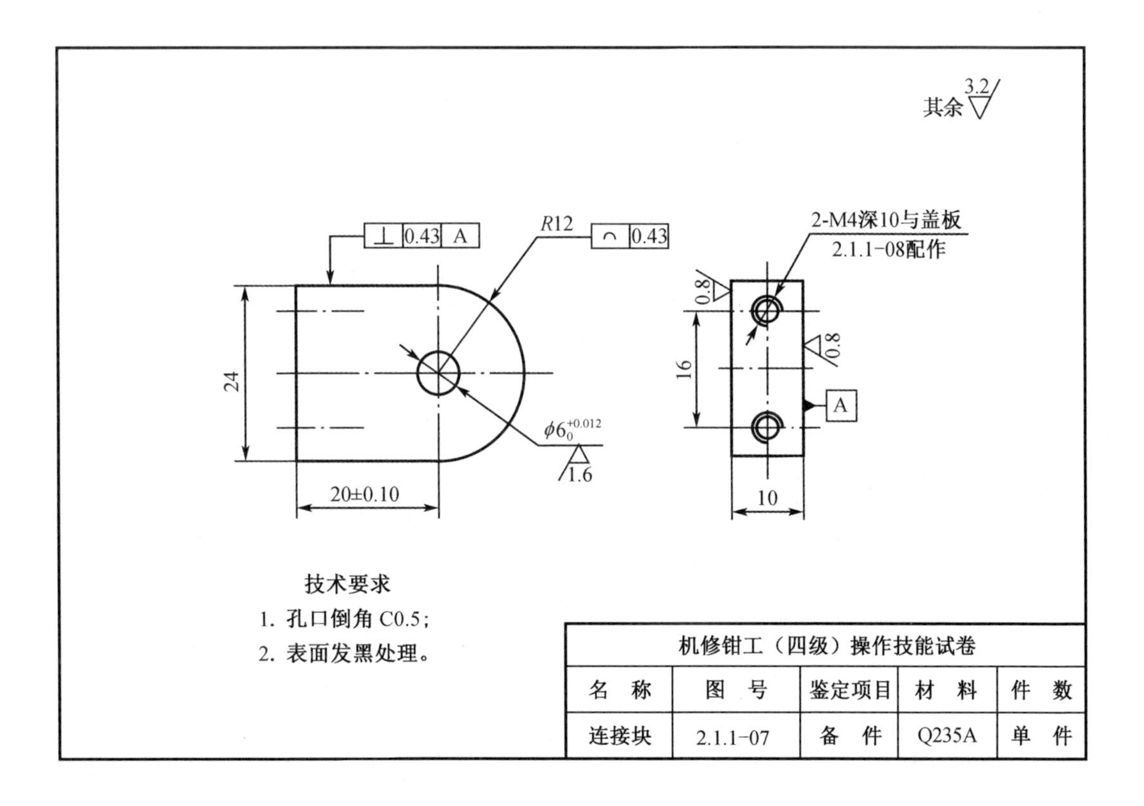

其余 3.2
0.43 A
R12
0.43
2-M4深10与盖板
2.1.1-08配作
0.8
0.8
24
16
A
φ6 +0.012 0
1.6
20±0.10
10
技术要求
1. 孔口倒角 C0.5;
2. 表面发黑处理。
机修钳工（四级）操作技能试卷
名　称
图　号
鉴定项目
材　料
件　数
连接块
2.1.1-07
备　件
Q235A
单　件

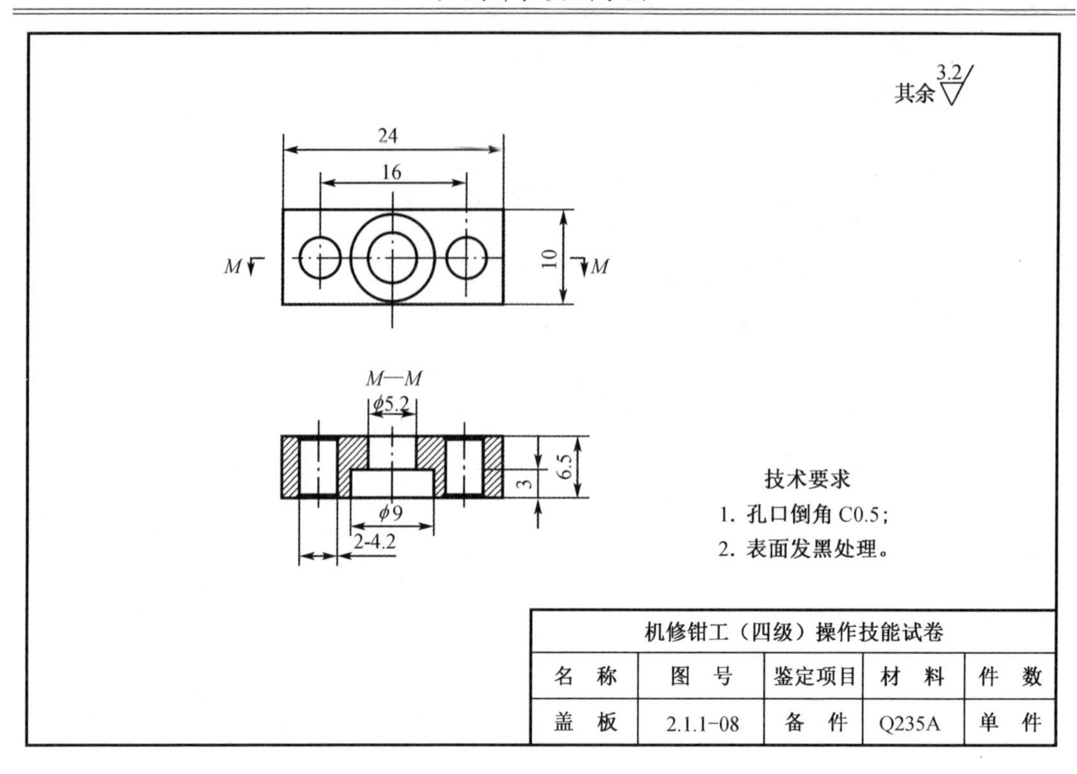
其余 3.2
24
16
10
M
M
M—M
ϕ5.2
6.5
3
ϕ9
2-4.2
技术要求
1. 孔口倒角 C0.5；
2. 表面发黑处理。
机修钳工（四级）操作技能试卷
名 称
图 号
鉴定项目
材 料
件 数
盖 板
2.1.1-08
备 件
Q235A
单 件

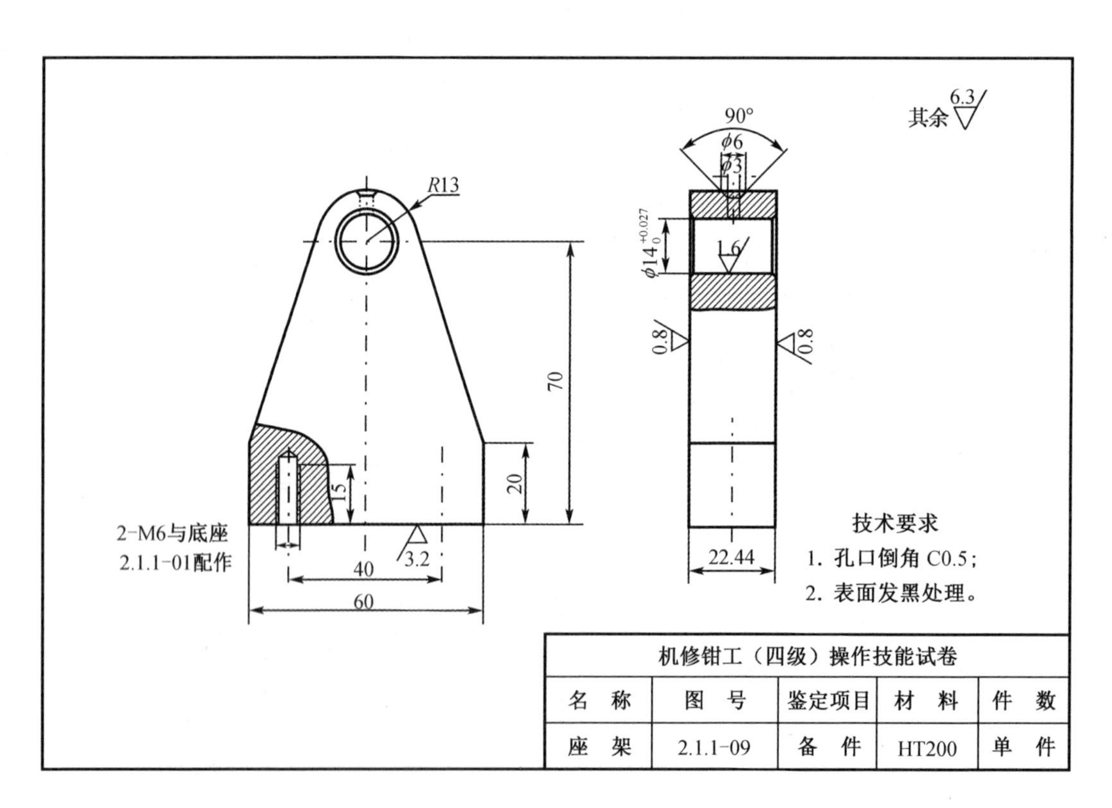
其余 6.3
R13
90°
ϕ6
ϕ3
ϕ14 +0.027 0
1.6
0.8
0.8
70
20
15
2-M6与底座
2.1.1-01配作
3.2
40
60
22.44
技术要求
1. 孔口倒角 C0.5；
2. 表面发黑处理。
机修钳工（四级）操作技能试卷
名 称
图 号
鉴定项目
材 料
件 数
座 架
2.1.1-09
备 件
HT200
单 件

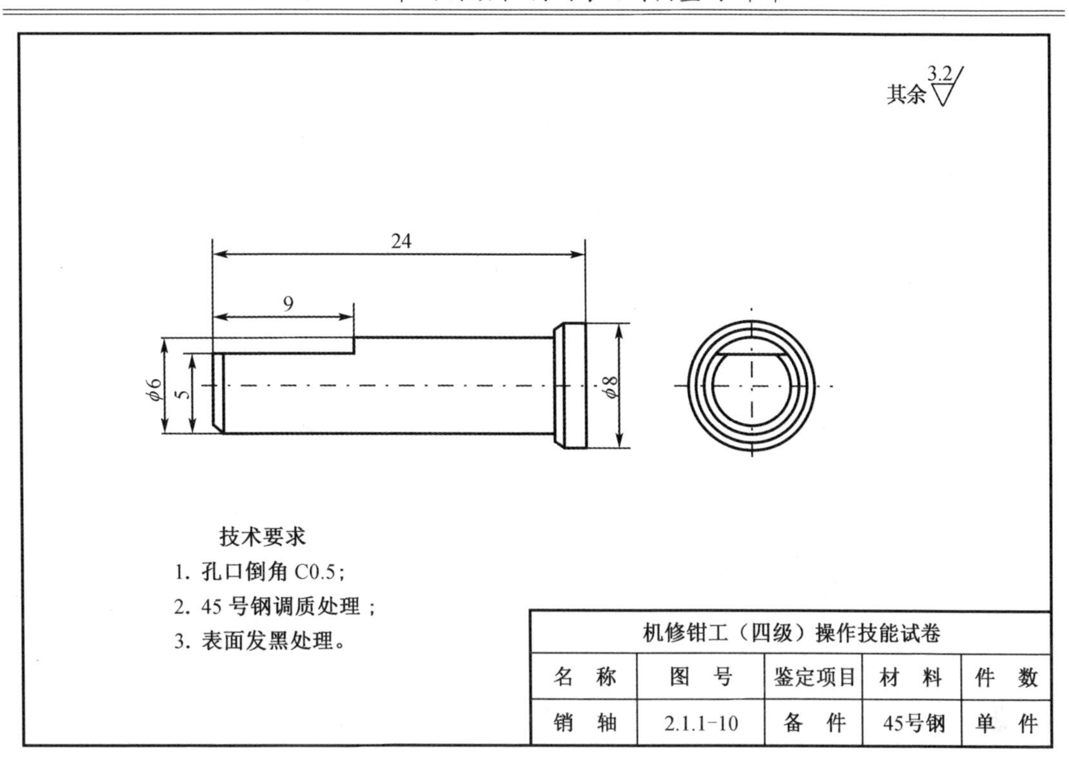
其余 3.2
24
9
φ6
5
φ8
技术要求
1. 孔口倒角 C0.5;
2. 45 号钢调质处理；
3. 表面发黑处理。
机修钳工（四级）操作技能试卷
名　称
图　号
鉴定项目
材　料
件　数
销　轴
2.1.1-10
备　件
45号钢
单　件

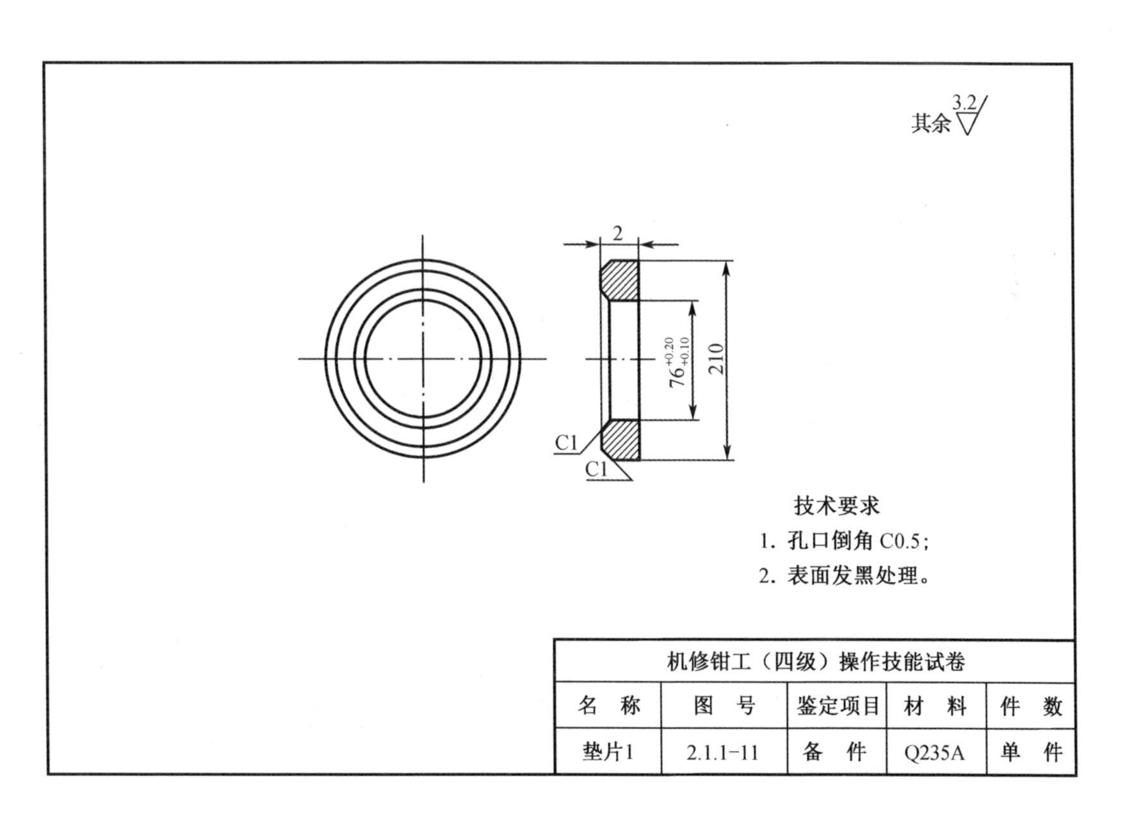
其余 3.2
2
$76^{+0.20}_{+0.10}$
210
C1
C1
技术要求
1. 孔口倒角 C0.5;
2. 表面发黑处理。
机修钳工（四级）操作技能试卷
名　称
图　号
鉴定项目
材　料
件　数
垫片1
2.1.1-11
备　件
Q235A
单　件

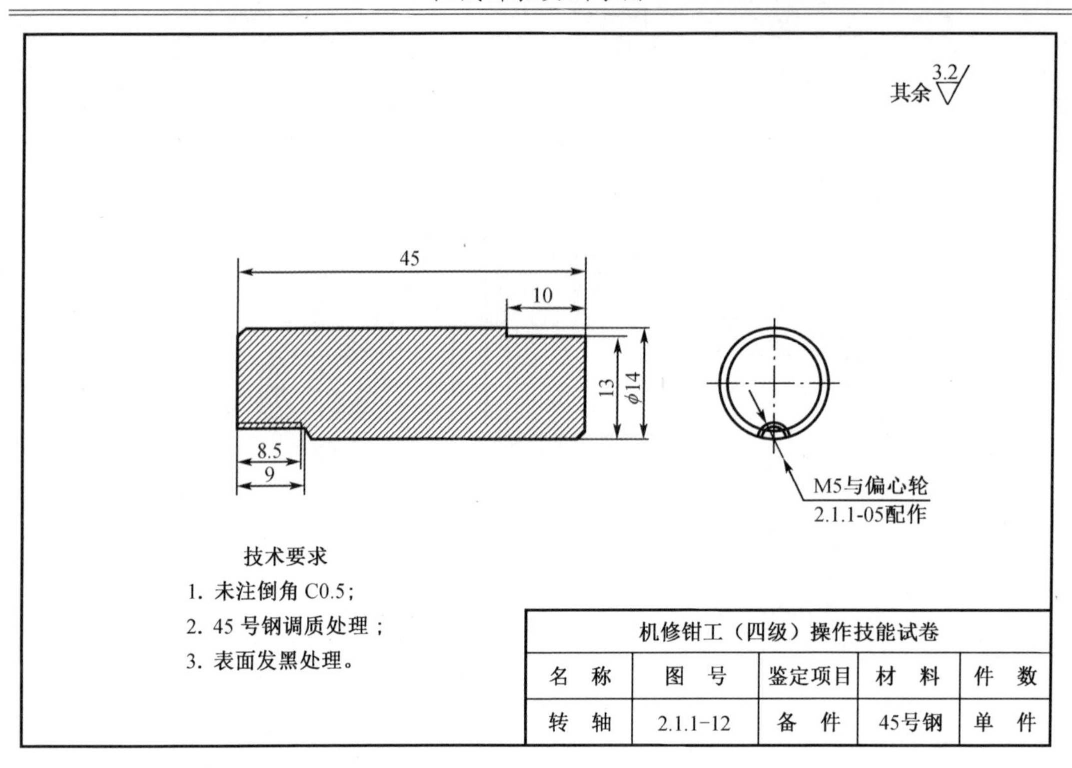

技术要求

1. 未注倒角 C0.5;
2. 45 号钢调质处理；
3. 表面发黑处理。

机修钳工（四级）操作技能试卷				
名　称	图　号	鉴定项目	材　料	件　数
转　轴	2.1.1-12	备　件	45号钢	单　件

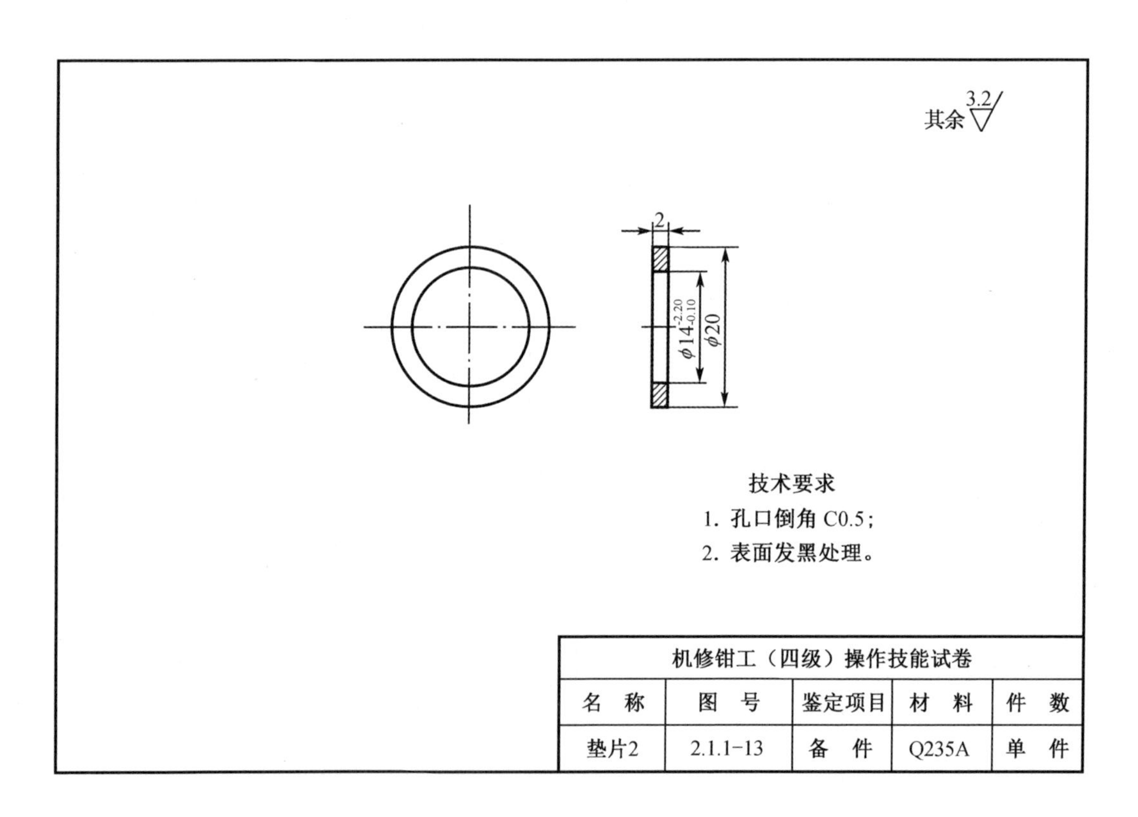

技术要求

1. 孔口倒角 C0.5;
2. 表面发黑处理。

机修钳工（四级）操作技能试卷				
名　称	图　号	鉴定项目	材　料	件　数
垫片2	2.1.1-13	备　件	Q235A	单　件

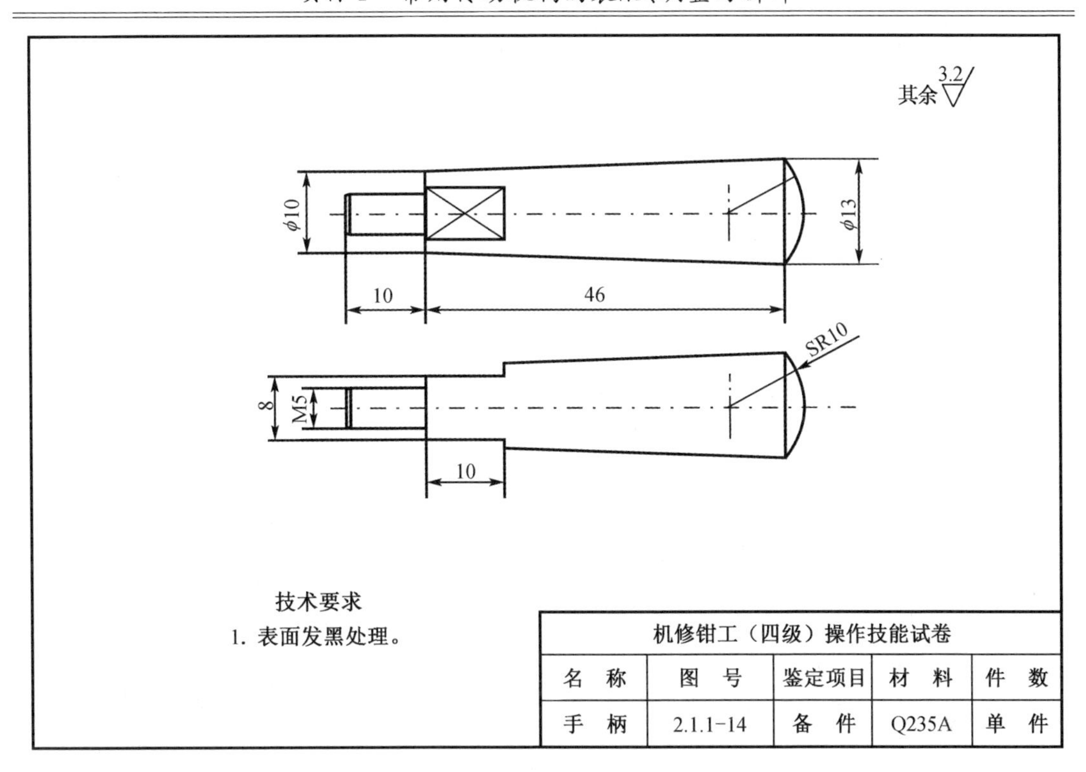

机修钳工（四级）操作技能试卷				
名　称	图　号	鉴定项目	材　料	件　数
手　柄	2.1.1-14	备　件	Q235A	单　件

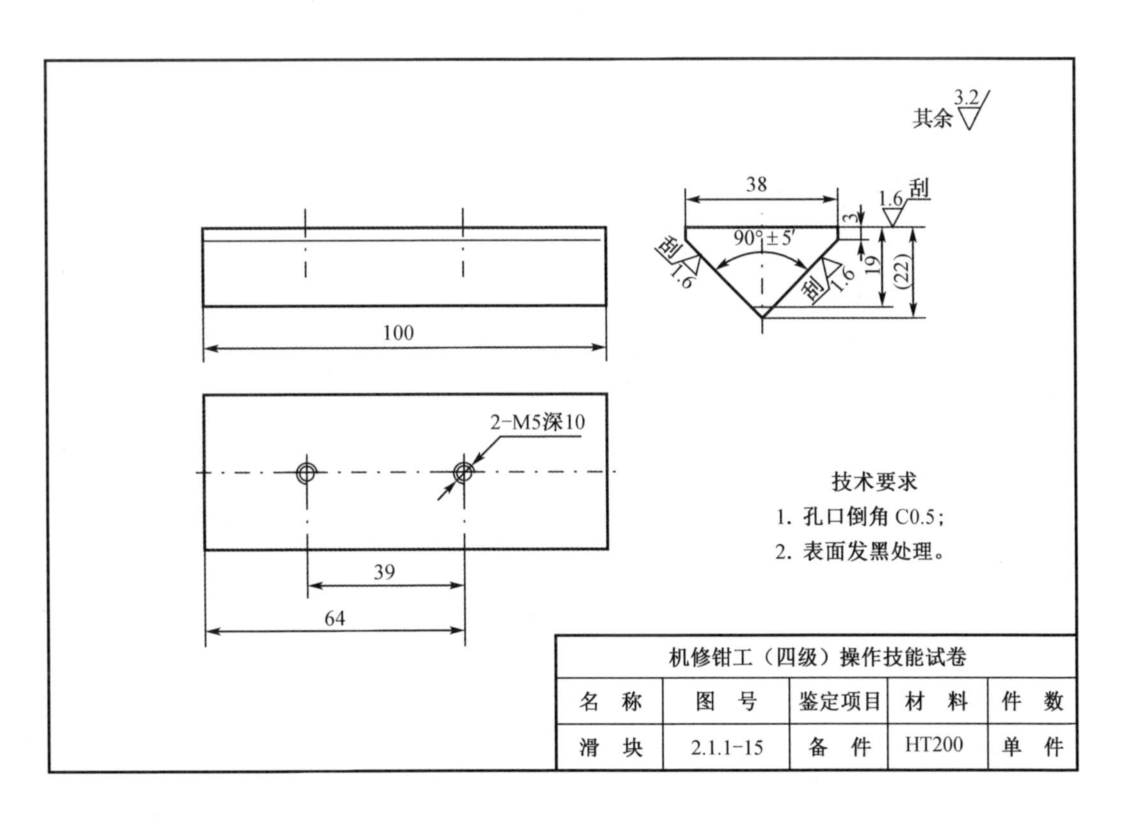

机修钳工（四级）操作技能试卷				
名　称	图　号	鉴定项目	材　料	件　数
滑　块	2.1.1-15	备　件	HT200	单　件

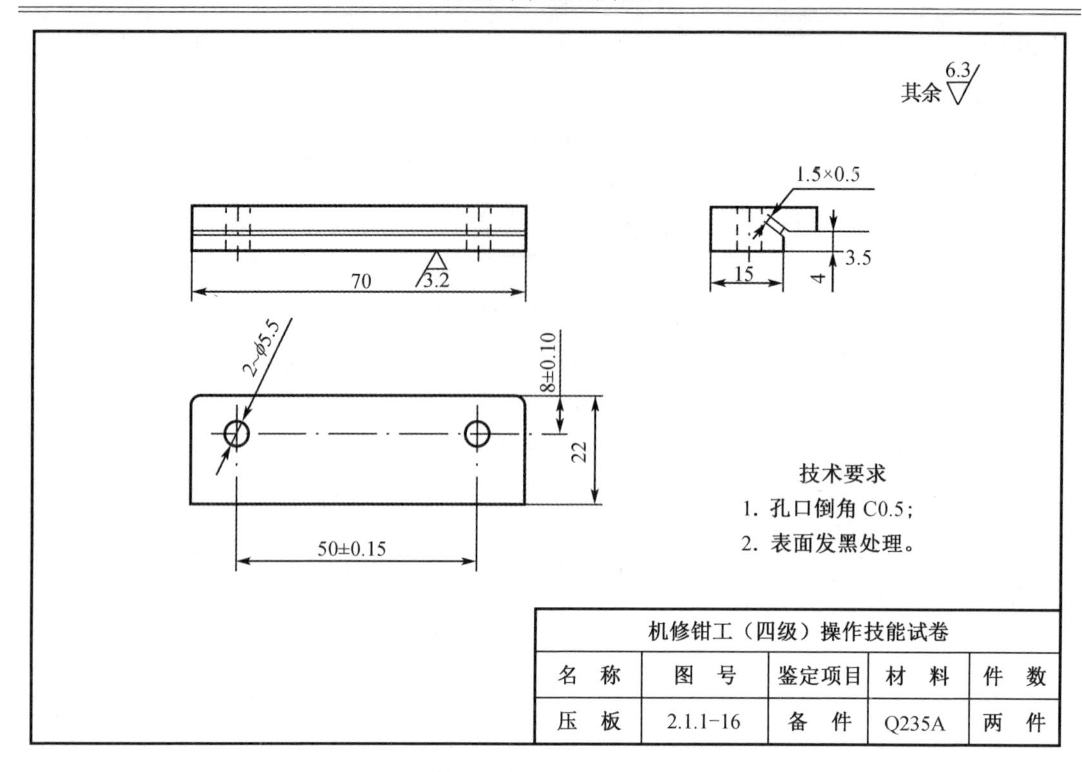

机修钳工（四级）操作技能试卷				
名　称	图　号	鉴定项目	材　料	件　数
压　板	2.1.1-16	备　件	Q235A	两　件

图 1.2.3　摇杆滑道传动机构实训装置零件图

1.2.5　任务实施

1. 任务实施前准备

(1)自主查阅资料,分组观察摇杆滑道传动机构实训装置,认知摇杆滑道传动机构组成及功能,并将相应内容填入下方空白区域。

基本组成:

功能描述:

（2）梳理摇杆滑道传动机构实训装置的基本传动路线并绘制于下方空白区域。

2. 拆装的注意事项

（1）正确着装，穿好劳动防护服、绝缘鞋，戴好护目镜；
（2）合理、规范地使用各种拆装工具；
（3）拆卸下来的零部件有序、整齐、规范地放置在指定区域；
（4）装配时做好清洁、保养工作。

3. 任务实施步骤

（1）装配与调试

步骤一：检查清点操作工具和量具是否齐全，清点传动机构零部件及标准件是否完好和齐全。

步骤二：清洗、清理各个零部件。

步骤三：进行装配和调整检测，达到各项技术要求。

（2）装配与调整检测

摇杆滑道传动机构装配需进行适当的调整，对调整及检测效果的要求如下：

①传动机构中转轴20装配与调整后转动灵活，轴向无明显窜动；
②传动机构中销轴17装配与调整后转动灵活，轴向无明显窜动；
③传动机构中滑道2、滑块23和压板25装配与调整后滑动灵活；
④传动机构装配与调整后运转平稳，无冲击和卡阻现象；
⑤传动机构中所有螺钉连接紧固到位。

进行相应的检测后，填写摇杆滑道传动机构装配与调整自检表（表1.2.1），以便教师检查。

表1.2.1　摇杆滑道传动机构装配与调整自检表

姓名		日期	
序号	检查项目	学生自检	教师确认
1	传动机构中转轴20装配与调整后转动灵活，轴向无明显窜动		
2	传动机构中销轴17装配与调整后转动灵活，轴向无明显窜动		
3	传动机构中滑道2、滑块23和压板25装配与调整后滑动灵活		
4	传动机构装配与调整后运转平稳，无冲击和卡阻现象		
5	传动机构中所有螺钉连接紧固到位		

(3)摇杆滑道传动机构拆卸

完成传动机构装配与调整,待教师确认评分后方可进行拆卸操作。需要注意的是:

①传动机构中支座5、接头7与圆柱销6($\phi5\times12$)的连接不拆卸;

②传动机构中圆头螺钉13与外六角螺母14的连接不拆卸,连接块11、盖板12与球头螺钉8的连接不拆卸;

③传动机构中转轴20、偏心轮9与内六角紧定螺钉19的连接不拆卸。

步骤一:检查清点操作工具和量具是否齐全。

步骤二:清点拆卸下的传动机构零部件及标准件是否完好和齐全。

步骤三:清洗、整理各个零部件,放在指定工具箱内。

5. 任务实施后整理工作

传动机构和工量具整理归位,清理工作台面,量具按要求保养封存。

1.2.6　任务评价

根据学生的完成情况,进行摇杆滑道传动机构装配、调整与拆卸实训评价。教师评价时可以采用提问方式逐项评价,可以事先发给学生思考题。表1.2.2为摇杆滑道传动机构装配、调整与拆卸评分表。

表1.2.2　摇杆滑道传动机构装配、调整与拆卸评分表

课题			姓名	
日期			总得分	
序号	评价内容	配分		
1	装配与调整工量具使用正确	5		
2	传动机构中转轴20装配与调整后转动灵活,轴向无明显窜动	15		
3	传动机构中销轴17装配与调整后转动灵活,轴向无明显窜动	15		
4	传动机构中滑道2、滑块23和压板25装配与调整后滑动灵活	15		
5	传动机构装配与调整后运转平稳,无冲击和卡阻现象	25		
6	拆卸工艺正确,拆卸后零部件、标准件摆放整齐	10		
7	传动机构中所有螺钉连接紧固到位	5		
8	安全文明操作	10		

1.2.6　总结提升

列出在本任务中新认识的专业词汇、学到的知识点、学会使用的工具、掌握的技能。

1. 新的专业词汇：____

____

2. 新的知识点：____

____

3. 新的工具：____

____

4. 新的技能：____

____

项目2　初识CA6140车床

项目导入

普通车床作为机床母机，在各类切削加工机床中应用最为广泛。CA6140车床应用范围广、工作性能稳定，特别适用于单件、小批量回转类（如轴类、盘类）工件加工。

任务2.1　初识CA6140车床结构

2.1.1　学习目标

1. 知识目标

（1）掌握CA6140车床的结构及功用；
（2）了解CA6140车床的运动特点；
（3）了解CA6140车床传动装置的工作状态。

2. 能力目标

（1）能识别常用车床型号的含义；
（2）能简述CA6140车床各部分名称及功能；
（3）能描述CA6140车床的传动过程。

3. 情感目标

（1）主动获取信息，团结协作，养成安全文明生产的习惯；
（2）增长见识，激发兴趣。

2.1.2　任务描述

本任务内容为对CA6140车床结构进行认识，为今后的学习奠定基础。

2.1.3 任务准备

设备:CA6140车床。

2.1.4 知识准备

在各类金属切削机床中,车床是应用最广泛的一种机床,在一般机械加工车间的机床配置中,车床约占50%。卧式车床在车床中使用最多,它适合用于单件、小批量的轴类、盘类工件加工。

1. CA6140车床

(1)CA6140车床布局特点

CA6140车床外观如图2.1.1所示。

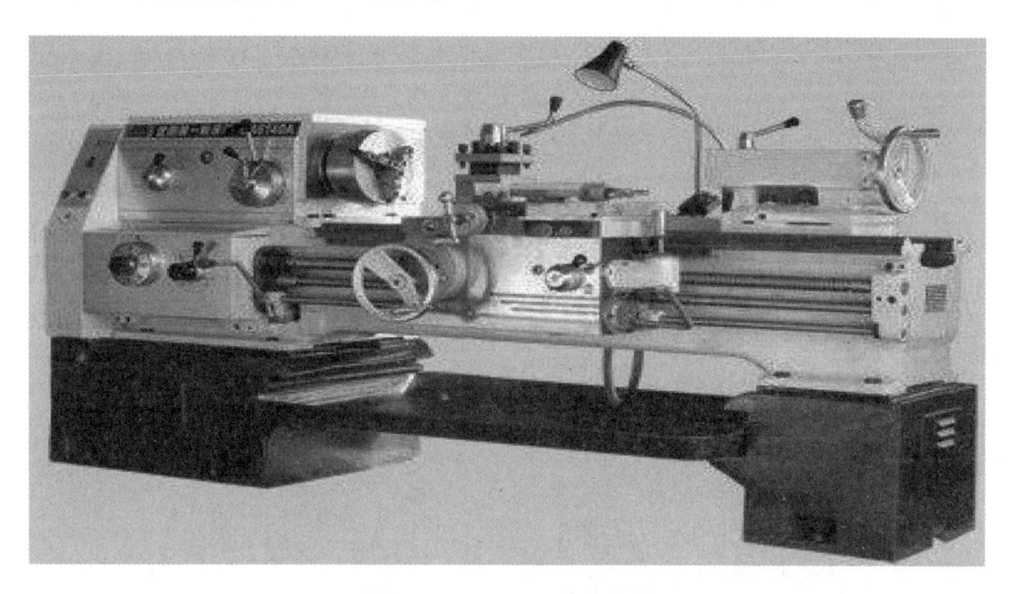

图2.1.1 CA6140车床外观

CA6140车床通用性好,精度较高,性能较优越。其外形结构采用中型卧式车床最常见的布局形式,主要由主轴箱,交换齿轮箱,进给箱,溜板箱,刀架,尾座,床身、导轨,床脚,以及冷却、照明装置等部分组成。这种机床加工的多半是细长形状回转体工件,也常加工端面。为了提高机床的稳定性和便于形成这些表面,采用卧式床身,且把主轴箱、尾座、刀架置于床身、导轨的同一水平面上。

(2)CA6140车床结构

CA6140车床结构如图2.1.2所示。

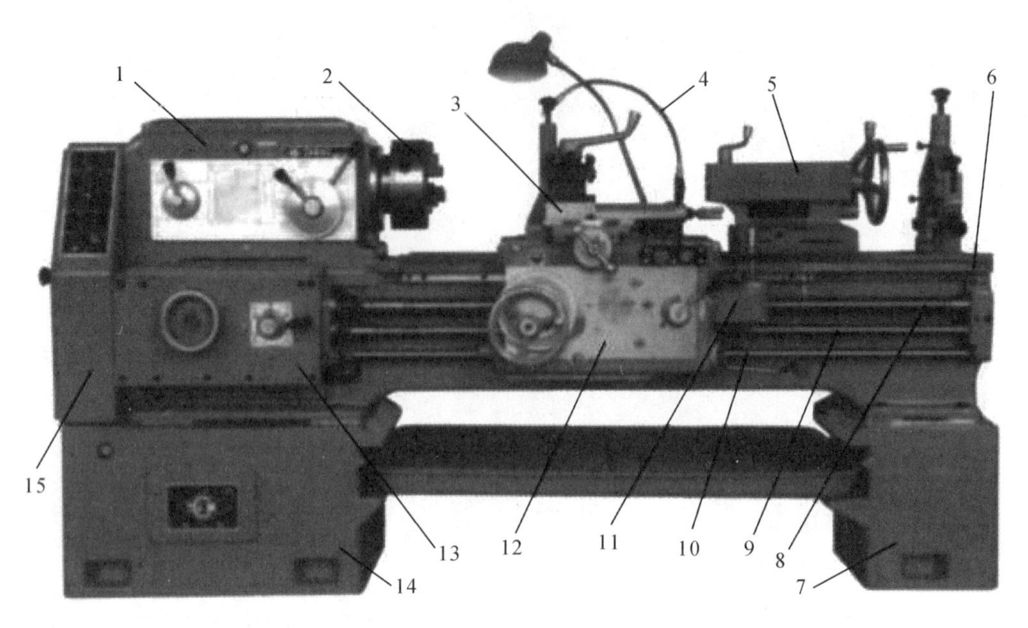

1—主轴箱;2—卡盘;3—刀架;4—冷却装置;5—尾座;6—床身、导轨;7,14—床脚;8—丝杠;
9—光杠;10—操纵杠;11—自动进给手柄;12—溜板箱;13—进给箱;15—交换齿轮箱

图 2.1.2　CA6140 车床结构

(3)CA6140 车床各部分功能

①主轴箱(床头箱)

主轴箱内有齿轮、轴、拨叉等,箱外有手柄,变换手柄位置可使主轴得到多种转速。主轴箱固定于床身的左边,卡盘装在主轴上夹持工件做旋转运动,尾座位于床身右边,以便利用两者顶尖装夹细长工件,也便于进行孔加工。主轴箱主轴部分如图 2.1.3 所示。

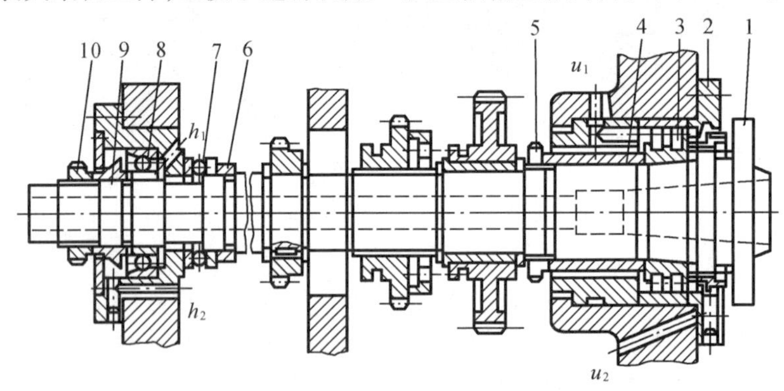

1—主轴;2,9—锁紧螺母;3—双列短圆柱滚子轴承;4,6—套筒
5,10—锁紧盘;7—推力球轴承;8—角接触球轴承。

图 2.1.3　主轴箱主轴部分

②交换齿轮箱(挂轮箱)

交换齿轮箱中有多级齿轮啮合,接受主轴箱传递的转动,并传递给进给箱,完成螺纹车削或纵向、横向进刀,如图 2.1.4 所示。

图 2.1.4　交换齿轮箱

③进给箱(变速箱、走刀箱)

进给箱接受交换齿轮箱传递的转动,并传递给光杠或丝杠,完成机动进给,通过调节手柄和手轮位置可以车削旋转表面和螺纹。CA6140 车床的进给机构是由主轴传动的,所以将进给箱置于主轴箱的下方,以缩短传动路线,同时也使变更切削用量的手柄都集中在机床的左边,以便于操纵,如图 2.1.5 所示。

图 2.1.5　进给箱

④溜板箱

溜板箱接受光杠或丝杠传递的运动,以驱动床鞍,中、小溜板,以及刀架,实现车刀的纵向、横向进给。操纵溜板箱外的手柄或按钮可以实现运动模式的调整。为使操作方便,溜板箱被布置在刀架下方,并随刀架一起移动,如图 2.1.6 所示。

图 2.1.6　溜板箱

⑤刀架

刀架由床鞍、两层溜板(中、小溜板)与刀架体组成,用于装夹车刀并带动车刀做纵向、横向、斜向运动和曲线运动,从而完成工件车削加工。此外,在加工过程中,刀架手柄是需要随时操纵的,刀架在主轴箱的右边,既便于加工过程中观察切削进行情况,也符合大多数人右手操作的习惯。

可通过逆时针(或顺时针)转动刀架上的手柄来控制刀架的转位(或锁紧),如图 2.1.7 所示。

图 2.1.7　刀架

⑥尾座

尾座安装在导轨上,并沿导轨纵向移动,以调整其工作位置。尾座主要用来装夹后顶尖,以支撑较长工件,也可装夹钻头、铰刀,如图 2.1.8 所示。

逆时针扳动尾座套筒固定手柄,松开尾座套筒,转动尾座右端的手柄可调整套筒位置;顺时针扳动尾座套筒固定手柄,可以将套筒固定在所需位置。顺时针扳动尾座快速紧固手柄,可以松开尾座。把尾座沿床身前后移动后逆时针扳动尾座快速紧固手柄可快速地把尾座固定在床身的某一位置。

⑦床身、导轨

床身为车床大型基础部件,有两条高精度的导轨,用于支撑和连接车床各部件,并保证其在工作时有准确的相对位置。

⑧床脚

床脚支撑床身上各部件,用地脚螺栓将整台车床固定在工作场地上,而其上的调整垫块可将床身调整到水平状态,如图 2.1.9 所示。

⑨照明、冷却装置

照明灯使用安全电压,提供充足光线,保证操作环境明亮清晰;切削液用于降低切削温度,冲走切屑,润滑加工表面,以提高刀具寿命和工件表面加工质量,如图 2.1.10 所示。

图 2.1.8　尾座

图 2.1.9　床脚

2. CA6140 车床型号和主要技术性能

(1)CA6140 车床型号

金属切削机床简称机床，是机械制造中的主要加工设备，车床是最普遍的一类机床。根据 GB/T 15375—1994《金属切削机床型号编制方法》规定，车床型号由汉语拼音字母及阿拉伯数字组成。CA6140 车床型号中字母及数字的含义如图 2.1.11 所示。

(2)CA6140 车床主要技术性能

车床的技术性能是正确选择和合理使用车床的依据，包括车床的工艺范围、技术规格、加工精度和表面粗糙度、生产率、自动化程度、效率和精度保持性等。CA6140 车床的主要技术性能见表 2.1.1。

图 2.1.10　照明、冷却装置

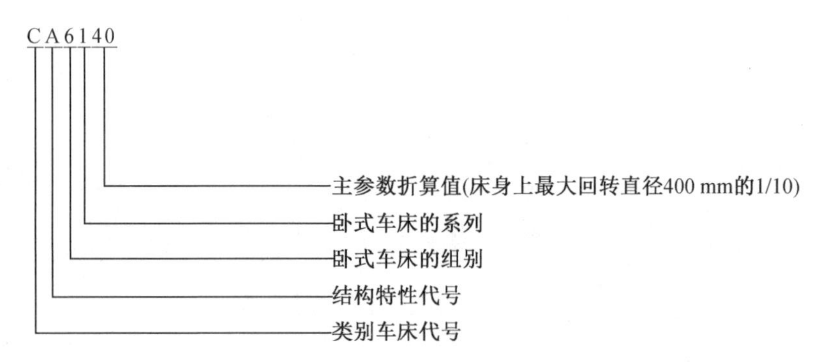

图 2.1.11　CA6140 车床型号中字母及数字的含义

表 2.1.1　CA6140 车床的主要技术性能

功能描述		功能参数
床身上工件最大回转直径		400 mm
刀架上工件最大回转直径		210 mm
最大工件长度(四种规格)		750 mm、1 000 mm、1 500 mm、2 000 mm
最大纵向行程(四种规格)		650 mm、900 mm、1 400 mm、1 900 mm
中心高(主轴中心到床身平面导轨距离)		205 mm
主轴内孔直径		48 mm
主轴前端孔锥度		莫氏 6 号
主轴转速	正转(24 级)	10 ~ 1 400 r/min
	反转(12 级)	14 ~ 1 580 r/min

表 2.1.1(续)

功能描述		功能参数
车削螺纹范围	米制螺纹(44 种)	1 ~ 192 mm
	英制螺纹(20 种)	2 ~ 24 牙/英寸
	米制蜗杆(39 种)	0.25 ~ 48 mm
	英制蜗杆(37 种)	1 ~ 96 牙/英寸
机动进给量	纵向进给量(64 级)	0.028 ~ 6.33 mm/r
	横向进给量(64 级)	0.014 ~ 3.16 mm/r
床鞍纵向快速移动速度		4 m/min
中溜板横向快速移动速度		2 m/min
主电动机功率、转速		7.5 kW、1 450 r/min
快速移动电机功率、转速		0.25 kW、2 800 r/min
机床轮廓尺寸(长 × 宽 × 高)		2 668 mm × 1 000 mm × 1 190 mm
工件最大长度		1 000 mm
精车外圆的圆度		0.01 mm
精车外圆的圆柱度		0.01 mm/100 mm
精车端面的平面度		0.02 mm/400 mm
精车表面粗糙度		*Ra*0.8 ~ 1.6 μm

注:1 英寸 = 25.4 毫米。

2.1.5　任务实施

(1)自主查阅资料,分组观察 CA6140 车床,了解 CA6140 车床主要部件及其主要功用,并完成表 2.1.2 的填写。

表 2.1.2　CA6140 车床主要部件及其主要功用

	主要部件	主要功用	个人标记
CA6140 车床			

请用一句话概括车床的组成：____。

(2)观察车床铭牌(图 2.1.12),获取信息。

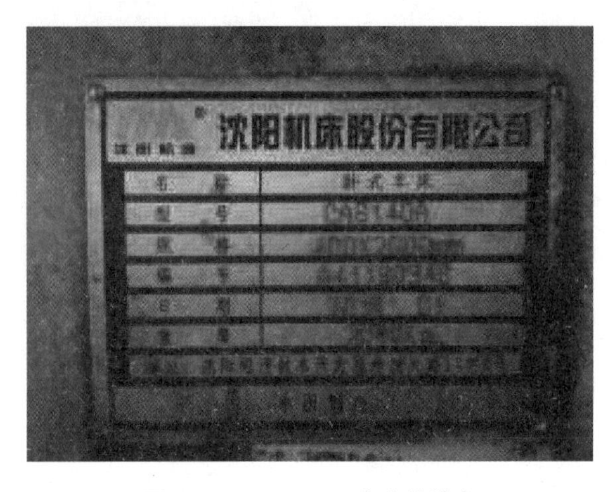

图 2.1.12　CA6140 车床铭牌表

将由图 2.1.12 获取的信息填入表 2.1.3 中。

表 2.1.3　车床型号及规格

车床型号	
床身上最大工件回转直径	
最大工件长度	

2.1.6　任务评价

仔细观察 CA6140 车床,参考相关材料,探究其结构,并完成表 2.1.4。

表 2.1.4　CA6140 车床各部分名称及功能描述

序号	名称	功能描述
1		
2		
3		
4		
5		
6		
7		
8		
9		

表2.1.4(续)

序号	名称	功能描述
10		
11		
12		
13		
14		
15		

任务2.2　初识CA6140车床运动特点及用途

2.2.1　任务描述

车床是如何工作的？车床运动有何特点？什么是传动路线？主轴传动装置是怎么工作的？进给传动装置工作过程是怎样的？本任务就来学习这部分内容。

2.2.2　任务目标

(1)观看CA6140车床的加工过程,认识CA6140车床的运动特点；
(2)了解CA6140车床的传动路线；
(3)了解CA6140车床的主轴传动装置工作过程和进给传动装置工作过程；
(4)了解CA6140车床的常见用途。

2.2.3　任务准备

设备:CA6140车床。

2.2.4　知识准备

1.普通车床的运动特点

车削时,为了切除多余的金属,必须使工件和车刀产生相对的车削运动,如图2.2.1所示。按运动的作用,车削运动可分为主运动和进给运动两种。主运动由主轴传动装置传动,进给运动由进给传动装置传动。

(1)主运动

直接切除工件上的切削层并使之变成切屑以形成工件新表面的运动称为主运动。车削时,工件的旋转运动就是主运动,如图2.2.2所示。

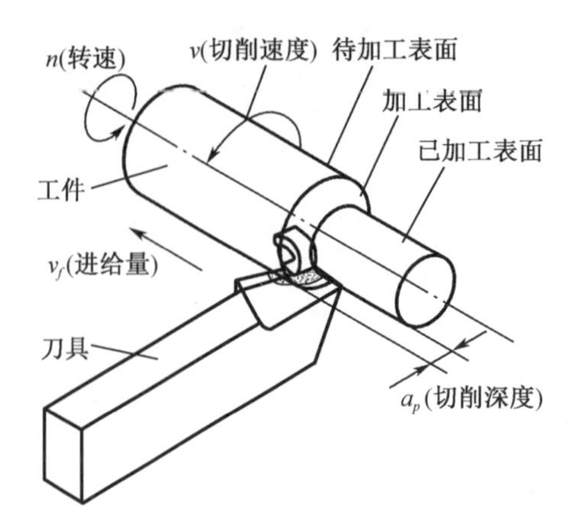

图 2.2.1　车削运动

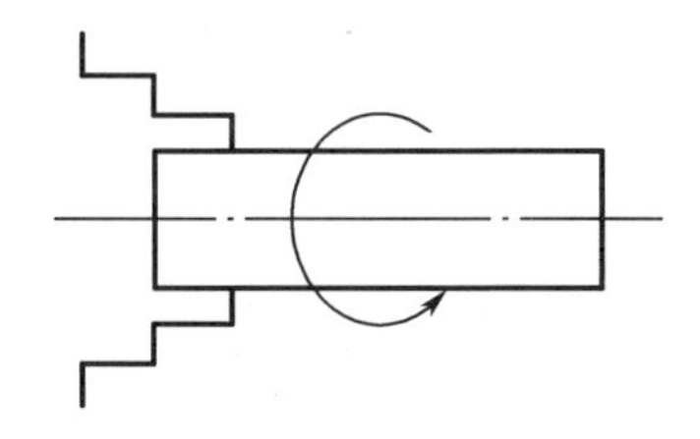

图 2.2.2　主运动

(2)进给运动

使工件上多余材料不断地被切除的运动称为进给运动。按车刀切除金属层时移动方向的不同,进给运动又可分为纵向进给运动和横向进给运动。

如:车外圆的进给运动是纵向进给运动,车平端面或车槽的进给运动是横向进给运动,如图 2.2.3 所示。

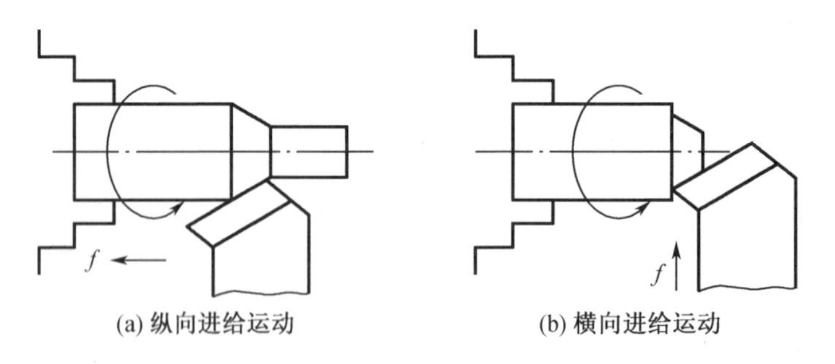

图 2.2.3　进给运动

2. CA6140 车床的传动系统

如图 2.2.4 所示为 CA6140 车床的传动路线示意图,如图 2.2.5 所示为 CA6140 车床的传动路线图。主运动是通过电动机驱动带轮,把运动输入到主轴箱,通过变速齿轮使主轴得到不同的转速,再经卡盘(或夹具)带动工件旋转。进给运动则是由主轴箱把旋转运动通过交换齿轮传给进给箱,变速后由丝杠(或光杠)驱动溜板箱,驱动溜板、刀架,从而控制车刀的运动轨迹,完成车削各种表面的工作。

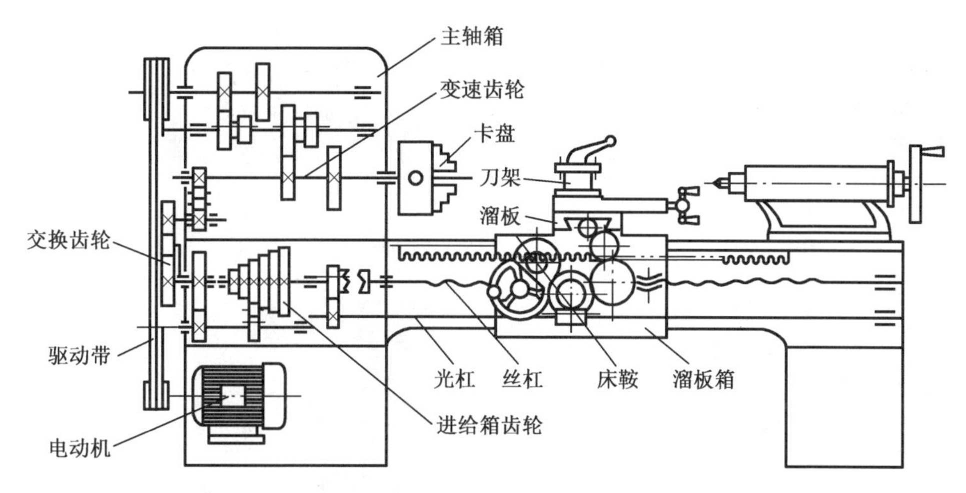

图2.2.4 CA6140车床的传动路线示意图

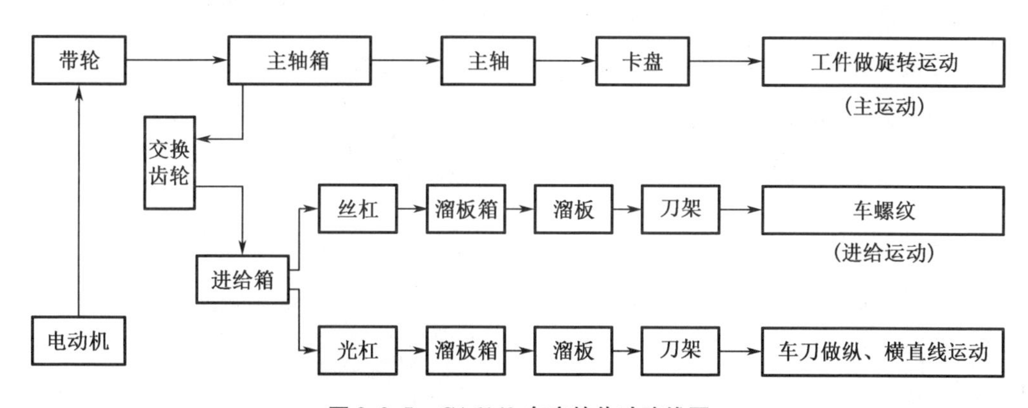

图2.2.5 CA6140车床的传动路线图

3. CA6140车床的用途

CA6140车床是生产中常见的一种典型万能通用车床,在这种车床上能完成各种轴类、套筒类和盘类零件的各种加工工序,如车内、外圆柱面和圆锥面,成型回转表面,环形槽,端面和各种常用螺纹等。CA6140车床使用的刀具主要是各种车刀,还可采用各种孔加工刀具(如钻头、扩孔钻、铰刀等)和螺纹刀具进行加工,完成钻孔、钻中心孔、扩孔、铰孔、攻内螺纹、套外螺纹和滚花等工作,其用途十分广泛。CA6140车床的加工范围见表2.2.1。

表 2.2.1　CA6140 车床的加工范围

示例图片	加工范围	示例图片	加工范围
	车外圆		车内孔
	车端面		车圆锥面
	车沟槽		车成型面
	钻中心孔		滚花
	钻孔	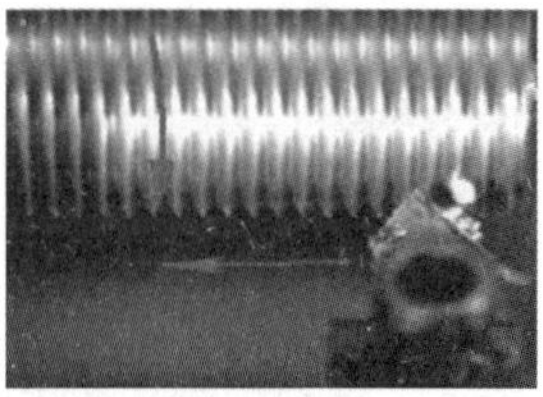	车螺纹
	扩孔	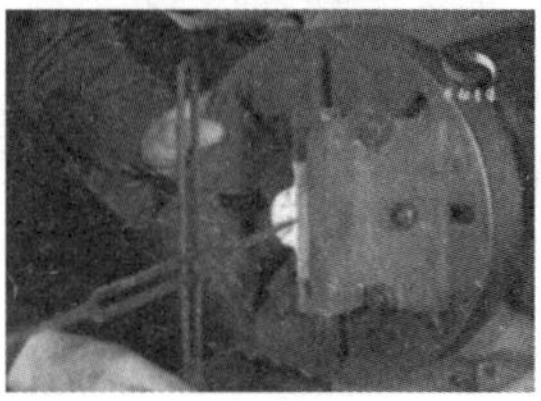	车异形件

表 2.2.1(续)

示例图片	加工范围	示例图片	加工范围
	攻螺纹		车细长轴

2.2.5　任务实施

(1)观察 CA6140 车床的切削过程,总结其运动特点。

车削的主要目的是__________,车床的切削运动主要是由____和______产生相对运动。按运动的作用,车削运动可分为_________和_________两种。

(2)根据车床实际结构,画出 CA6140 车床的传动路线。

(3)查阅资料,观察车床加工工件,总结车床的常见用途。

2.2.6　任务评价

依据所学完成如下任务。

(1)观察并查阅资料,描述车床切削时主运动和进给运动的传动过程。

(2)指出主轴传动装置和进给传动装置。

任务 2.3 车床的润滑和维护保养

2.3.1 任务描述

为保证正常运转,减少磨损,延长使用寿命,应对车床的所有摩擦部位进行润滑,并注意日常的维护保养。是否坚持安全文明生产直接影响人身安全、产品质量和生产效率,影响设备和工、夹具的使用寿命和操作工人技术水平的发挥。操作者必须严格执行安全操作规程及坚持日常维护保养。

2.3.2 任务目标

(1)了解车床润滑的重要性及方法;
(2)了解车床日常维护保养的方法;
(3)能进行车床的润滑和日常维护保养。

2.3.3 任务准备

设备:CA6140 车床。

2.3.4 知识准备

1. CA6140 车床的润滑方法

主轴箱及进给箱采用箱外循环强制润滑。主轴箱和溜板箱的润滑油在两班制的车间 50 ~ 60 天更换一次。换油时,应先将废油放尽,用煤油把箱内冲洗干净后,再注入新润滑油。注油时应用网过滤,且油面不得低于油标中心线。

主轴箱内的零件采用油泵循环润滑或飞溅润滑。主轴箱内润滑油一般每 3 个月换一次。主轴箱箱体上有一个油标,若发现油标内无油输出,说明油泵循环润滑系统有故障,应立即停机检查断油的原因,修复后才能开动车床。

进给箱内的齿轮和轴承除了采用飞溅润滑外,还可通过进给箱上部的储油槽利用油绳导油润滑。每班应给该储油槽加一次油。

刀架和横向丝杠用油枪加油。

交换齿轮箱中间齿轮轴轴头有一个螺塞需要每班拧动一次,使轴内的 2 号钙基润滑脂供应到轴与轴套之间。每 7 天加一次钙基润滑脂。

尾座套筒和丝杠、螺母的润滑可每班用油壶加油一次。

丝杠、光杠及变向杠的轴颈润滑是通过后托架的储油池内的羊毛线引油进行的,每班注油一次。

床身导轨、溜板导轨在每班工作前后都要擦净并用油壶加油。

2. CA6140 车床具体零部件润滑方法

(1)主轴箱

主轴箱润滑结构如图 2.3.1 所示,主要通过油管、油泵完成齿轮的润滑。主轴箱润滑方式为油泵循环润滑和飞溅润滑,选用牌号为 L－AN46 的润滑油。

图 2.3.1　主轴箱润滑结构

主轴箱润滑步骤如下:

①启动电机,观察到主轴箱油标内已有油输出;

②电机空转 1 min 后箱内形成油雾,油泵循环润滑系统使各润滑点得到润滑后,方可启动主轴;

③如果油标内没有油输出,说明油泵循环润滑系统有故障,应立即停机检查断油原因。断油原因一般是主轴箱后端三角形过滤器堵塞,应用煤油清洗。

(2)进给箱和溜板箱

进给箱和溜板箱润滑结构分别如图 2.3.2、图 2.2.3 所示,进给箱和溜板箱润滑方式为飞溅润滑和油绳导油润滑,选用牌号为 L－AN46 的润滑油。

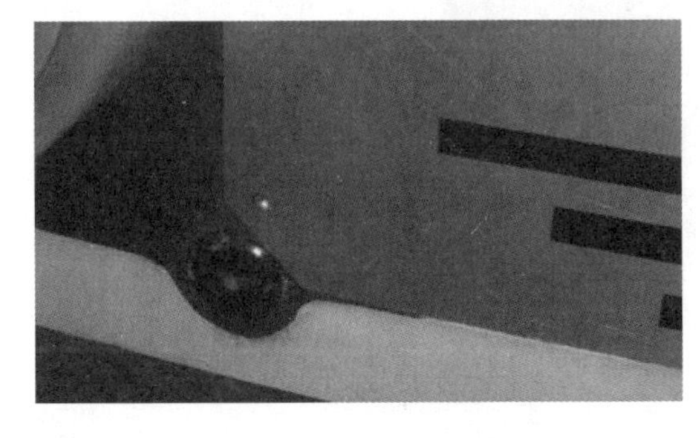

图 2.3.2　进给箱润滑结构

图 2.3.3　溜板箱润滑结构

进给箱和溜板箱润滑步骤如下:

①观察进给箱和溜板箱油标内的油面,确保其不低于中心线,否则应向油箱中注入新润滑油;

②使主轴低速空转 1～2 min,使进给箱内的润滑油通过飞溅润滑各齿轮,这一步骤在冬季尤其重要;

③进给箱还要用箱上部的储油槽通过油绳导油润滑，每班应用油壶给储油槽加一次油。

(3)三杠轴颈

三杠(丝框、光杠及操纵杠)轴颈润滑方式为油绳导油润滑和弹子油杯润滑，选用牌号为 L－AN46 的润滑油。图 2.3.4 为后托架储油池的注油，图 2.3.5 为丝杠左端的弹子油杯润滑。

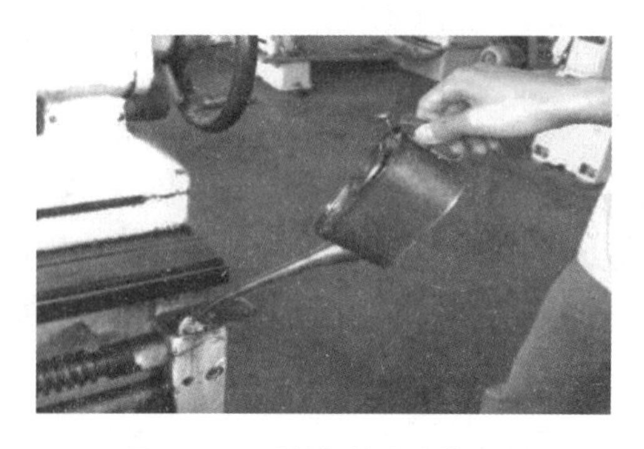

图 2.3.4　后托架储油池的注油

图 2.3.5　丝杠左端的弹子油杯润滑

三杠轴颈润滑步骤如下：

①三杠轴颈要用后托架的储油池通过油绳导油润滑，每班应用油壶给储油池加一次油；

②用油壶对丝杠左端的弹子油杯进行注油。

油壶加油操作如图 2.3.6 所示。

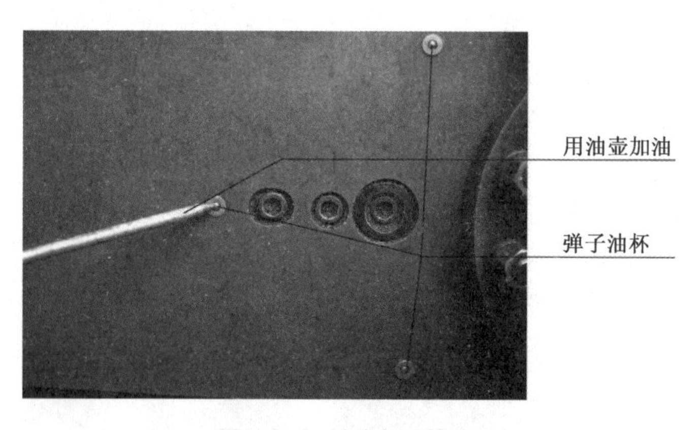

图 2.3.6　油壶加油操作

(4)床鞍、导轨面和刀架

床鞍、导轨面浇油润滑如图 2.3.7 所示，刀架润滑点如图 2.3.8 所示。床鞍、导轨面润滑方式为浇油润滑，刀架润滑方式为弹子油杯润滑，选用牌号为 L－AN46 的润滑油。

床鞍、导轨面和刀架润滑步骤如下：

①每班工作前后都要擦净床身导轨和中小溜板燕尾导轨；

②用油壶浇油润滑导轨表面；

③摇动中溜板手柄，露出油盒并打开油盒盖，用油壶将油盒注满并盖好油盒盖；

④每班应用油壶对刀架和中、小溜板丝杠轴颈处的弹子油杯进行注油；

图2.3.7　床鞍、导轨面浇油润滑

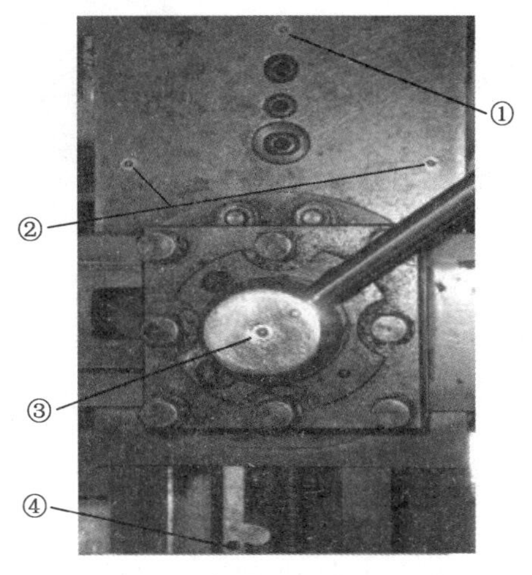

图2.3.8　刀架润滑点

(5)尾座

尾座润滑方式为弹子油杯润滑，尾座润滑点如图2.3.9所示，一般选用牌号为L-AN46的润滑油。

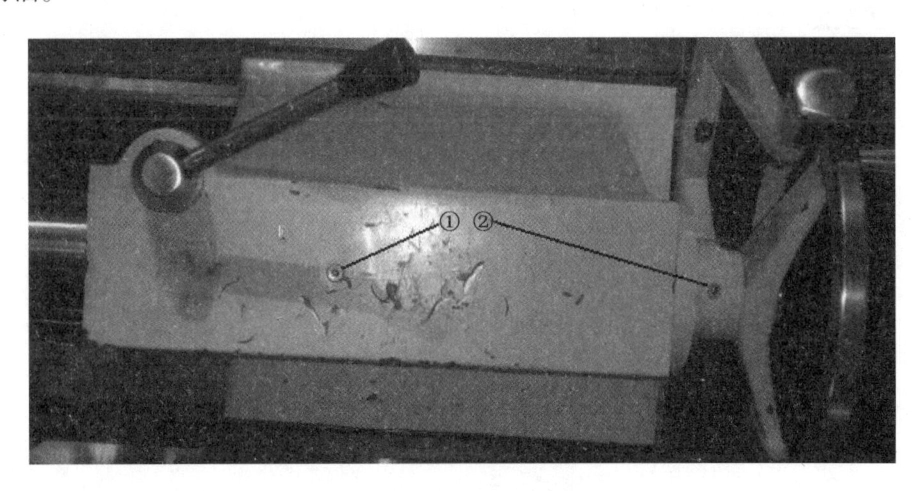

图2.3.9　尾座润滑点

尾座润滑步骤：每班用油壶对尾座上的弹子油杯进行注油润滑。

(6)交换齿轮箱中间齿轮

交换齿轮箱中间齿轮润滑结构如图2.3.10所示，润滑方式为油脂杯润滑，一般选用2号钙基润滑脂。

交换齿轮箱中间齿轮润滑步骤：每班把交换齿轮箱的中间齿轮轴轴头的螺塞拧动一次，使轴内的润滑脂供应到轴与轴套之间进行润滑。

3. 车床日常维护保养要求

为了保证车床的加工精度、延长其使用寿命、保证加工质量、提高生产效率，车工除了要能熟练地操作机床外，还必须学会对车床进行合理的维护、保养。

图 2.3.10　交换齿轮箱中间齿轮润滑结构

车床日常维护保养要求如下：

(1)每天工作后，切断电源，对车床各表面、各罩壳、导轨面、丝杠、光杠、各操纵手柄和操纵杆进行擦拭，做到无油污、无铁屑、车床外表清洁；

(2)每周进行床身导轨面和中、小溜板导轨面及转动部位的清洁、润滑，要求油眼畅通、油标清晰，清洗油绳和护床油毛毡，保持车床外表清洁和工作场地整洁。

2.3.5　任务实施

1. 任务实施内容

观察 CA6140 车床，找到注油孔，完成日常保养并记录。

保养项目记录：

2. 任务实施后整理工作

完成工具保养、整理及合理存放。

2.3.6　总结提升

列出在本任务中新认识的专业词汇、学到的知识点、学会使用的工具、掌握的技能。

1. 新的专业词汇：______________________________

____

2. 新的知识点：______________________________

____

3. 新的工具：______________________________

____

4. 新的技能：______________________________

____

项目3　主轴传动装置及其零部件的拆装

项目导入

电动机输出动力由带轮传给主轴箱,变换主轴箱外手柄的位置可使主轴得到各种不同的转速,主轴通过卡盘带动工件做旋转运动。

此外,主轴的旋转通过交换齿轮箱、进给箱、丝杠(或光杠)、溜板箱的传动,可使溜板带动装在刀架上的刀具沿床身上的导轨做直线运动。主轴传动装置传动路线如下:电动机→带轮→主轴箱→主轴→夹具、工件或刀具。

本项目以车床主轴传动装置及其零部件的拆装为例来介绍机床主轴传动装置及其零部件的拆装。

任务3.1　主轴箱箱盖的拆装

3.1.1　任务目标

1. 知识目标

(1)了解螺纹连接的类型、特点及应用;

(2)认识主轴箱内部结构。

2. 技能目标

(1)能辨别螺纹连接常用的拆装工具;

(2)能正确地选择和使用拆装工具;

(3)能正确地对CA6140车床的主轴箱箱盖进行拆装;

(4)能识别主轴箱内部各零部件。

3. 素养目标

(1)提高动手拆装能力;

(2)养成遵守安全文明生产规程的好习惯。

3.1.2　任务描述

车床主轴箱的功用主要是安装主轴和主轴的变速机构,主轴前端安装了卡盘以夹紧工件并带动工件旋转实现主运动。为方便安装长棒料,主轴为空心结构。车床的主轴箱是车床的变速机构和动力分配机构,它能正常、平稳运转是车床正常工作的首要条件。主轴箱是一个复杂的装配体,是一个集合了带传动机构、链传动机构、齿轮传动机构、凸轮机构、离合器机构、变速拨叉机构及各种轴、轴承等的复杂的机构。

主轴箱内部的各个零部件均关系到零件的加工质量。工作过程中,有时会由于加工工件时切削量过大,而使摩擦片松动,引发停车或闷车的现象,此时需要打开主轴箱箱盖对离合器进行调整或更换。

本任务内容为主轴箱箱盖的拆卸、装配。

3.1.3 任务准备

设备:CA6140 车床。

工具:各型号拆装工具一套。

3.1.4 任务明晰

1. 合适的拆装工具的选用

螺纹连接是利用螺纹连接件将工件连接起来的一种可拆连接。螺纹可分为连接用的螺纹和传动用的螺纹两类。

CA6140 车床主轴箱箱盖上的螺纹属于连接用的螺纹。

【观察与思考】

从图 3.1.1 中选择拆装主轴箱箱盖所需要的工具:______________。

(a) 十字螺丝刀　(b) 铜棒　(c) 内六角扳手

图 3.1.1　拆装工具

答案:主轴箱箱盖采用的连接件是内六角圆柱头螺钉,应选用的拆装工具为型号合适的内六角扳手。

2. 合理拆装工艺方案的制订

拆卸时,先拆两边再拆中间;装配时,先装中间再装两边。拆装螺钉时,要遵循交叉、对称、逐步的原则。

依据上述原则,制订主轴箱箱盖的拆装工艺方案,并记录在下面。

3.1.5　知识准备

1. 螺纹连接简介

螺纹连接是一种被广泛使用的可拆卸的固定连接，具有结构简单、连接可靠、装拆方便等优点。

根据平面图形的形状，螺纹可分为三角形螺纹、矩形螺纹、梯形螺纹和锯齿形螺纹等。根据螺旋线的绕行方向，螺纹可分为左旋螺纹和右旋螺纹，规定螺纹直立时螺旋线向右上升的为右旋螺纹，向左上升的为左旋螺纹。机械制造中一般采用右旋螺纹，有特殊要求时才采用左旋螺纹。根据螺旋线的数目，螺纹可分为单线螺纹和等距排列的多线螺纹。为了制造方便，螺纹的螺旋线数目一般不超过4。

2. 螺栓连接类型

螺栓连接用于连接两个较薄零件，在被连接件上开有通孔。普通螺栓的杆与通孔之间有间隙，通孔的加工要求低，结构简单，装拆方便，应用广泛。

六角头铰制孔用螺栓的孔与螺杆常采用过渡配合，如H7/m6，H7/n6。这种连接能精确固定被连接件的相对位置，适于承受横向载荷，但孔的加工精度要求较高。

双头螺栓连接用于被连接件之一较厚，不宜用螺栓连接，较厚的被连接件强度较差，又需经常拆卸的场合。在较厚的被连接件上加工出螺纹孔，在较薄的被连接件上加工出光孔，螺栓拧入螺纹孔中，用螺母压紧较薄的被连接件。在拆卸时，只需旋下螺母而不必拆下双头螺栓，可避免较厚的被连接件上的螺纹孔损坏。

螺钉连接指螺栓（或螺钉）直接拧入被连接件的螺纹孔中，不用螺母。螺钉连接结构比双头螺栓连接简单、紧凑，用于两个被连接件中一个较厚，但不需经常拆卸的场合，以免螺纹孔损坏。

紧定螺钉连接是利用拧入零件螺纹孔中的螺纹末端顶住另一零件的表面或顶入另一零件上的凹坑，以固定两个零件的相对位置。这种连接结构简单，有的可任意改变零件在周向或轴向的位置，以便调整，如电器开关旋钮的固定。

沉头螺钉连接用于连接强度要求不高、螺纹直径小于10 mm的场合，螺钉头部或局部沉入被连接件。这种连接多用于要求外表面平整的场合，如仪表面板。

自攻螺钉连接用于连接强度要求不高的场合，但一般应预先制出底孔。若采用带钻头的自钻自攻螺钉，则不需要预制底孔。其常用于有色金属、木材等的连接。

3. 螺栓组的布置

布置螺栓组包括确定螺栓组中的螺栓数目和给出每个螺栓的位置。应力求使各螺栓受力均匀并且较小，避免螺栓受附加载荷，还应有利于加工和装配。

（1）接合面处的零件形状应尽量简单，最好是方形、圆形或矩形；同一圆周上的螺栓数目应采用4，6，8，12，…，以便加工时分度。应使螺栓组的形心与接合面的形心重合，最好有两个互相垂直的对称轴，以便于加工和计算。常把接合面中间挖空，以减少接合面加工量和接合面平面度的影响，还可以提高连接刚度。

(2)受力矩的螺栓组,螺栓应远离对称轴,以减小螺栓受力。

(3)受横向力的螺栓组,沿受力方向布置的螺栓不宜超过 8 个,以免各螺栓受力严重不均匀。

(4)同一螺栓组所用的紧固件的形状、尺寸、材料等应一致,以便加工和装配。

(5)为使装配螺纹连接时工具有足够的操作空间,应保证一定的扳手空间尺寸。

3.1.6 任务实施

1. 拆装的注意事项

(1)正确着装,穿好劳动防护服、绝缘鞋,戴好护目镜;

(2)切断机床电源,悬挂好“正在维修”标识牌;

(3)合理、规范地使用各种拆装工具;

(4)拆卸下来的零部件有序、整齐、规范地放置在指定区域;

(5)装配时做好清洁、保养工作。

2. 主轴箱箱盖的螺纹连接件的拆卸

(1)选择型号为 M6 的内六角扳手。

(2)按与旋入方向相反的方向拆卸,逆时针旋动内六角圆柱头螺钉。

(3)按照正确的拆卸顺序,先将各内六角圆柱头螺钉拧松 1 ~2 圈,解除预紧力,然后逐一拆卸。

注意事项:拆卸成组螺纹连接件时,按照规定的顺序和对称的原则,先将各螺母拧松 1 圈,然后逐一拆卸。

(4)将拆卸下来的内六角圆柱头螺钉按顺序摆放整齐。

注意事项:不同规格的螺纹连接件分组存放。

3. 主轴箱箱盖的螺纹连接件的装配

(1)将箱盖与箱体的接合面清洁干净,将螺纹孔内的脏物用压缩空气吹净。

(2)将箱盖放到箱体的接合面上,按照正确的顺序进行安装。

注意事项:装配成组螺纹连接件时,必须交叉、对称、逐步地进行,且分 2 ~3 次拧紧,应保证箱盖与箱体的接触面受力均匀。

4. 疑难问题会诊

(1)锈死的螺栓或螺母如何拆卸?

①先用手锤轻轻敲击螺栓、螺母四周,以震碎锈层,然后用扳手将其拧出。注意敲击时用力不能过猛,也不能沿轴用力敲打,以免使螺纹在外力作用下损坏。

②用扳手先向拧紧的方向将螺栓或螺母稍拧动一些,再向反向拧,如此反复,逐步拧出。

③在螺母、螺栓四周浇些煤油,浸透 20 分钟左右,利用煤油很强的渗透力使其渗入锈层,使锈层变松,然后用扳手拧出螺栓或螺母。

④快速加热螺母,使螺母膨胀,然后用扳手将其拧出。

(2)疑难小问题:螺栓断头时如何拆卸?

查阅相关资料并思考解决。

3.1.7　任务评价

分组完成CA6140车床主轴箱箱盖的拆装。表3.3.1为CA6140车床主轴箱箱盖的拆装评分表。

表3.1.1　CA6140车床主轴箱箱盖的拆装评分表

序号	技能要求	配分	实测结果	得分
1	拆装工具使用合理与规范	20		
2	主轴箱箱盖拆装工艺正确	30		
3	拆装时零部件无损伤及装配时无遗漏	20		
4	能准确说出主轴箱的内部结构名称	30		
5	违反安全文明生产规程(减10~40分)			

3.1.8　总结提升

列出在本任务中新认识的专业词汇、学到的知识点、学会使用的工具、掌握的技能。

1. 新的专业词汇:______________________________

____

2. 新的知识点:______________________________

____

3. 新的工具:______________________________

____

4. 新的技能:______________________________

____

任务3.2　V带的拆装与调整

3.2.1　任务目标

1. 知识目标

(1)掌握带传动装置的组成、类型及工作原理;

(2)认识带传动的特点及应用;
(3)了解 V 带带轮的类型;
(4)掌握带传动装置的拆装工艺和注意事项。

2. 技能目标

(1)能辨别各种类型的带传动;
(2)能正确地选择和使用拆装工具;
(3)能正确地对 CA6140 车床的 V 带进行拆装;
(4)会正确地对 V 带进行张紧、调试和维护。

3. 素养目标

(1)养成善于观察、勤于思考的习惯,提高分析问题和解决问题的能力;
(2)提高动手操作的能力;
(3)培养小组协作精神;
(4)养成遵守安全文明生产规程的好习惯。

3.2.2 任务描述

CA6140 车床 V 带在工作过程中经常会出现磨损、打滑等现象,需要定期地对 V 带进行检查、调整和更换,通过本任务的学习,学生应能正确地对 V 带进行拆装与调整。

3.2.3 任务明晰

1. 合适的拆装工具的选用

【观察与思考】
观察 CA6140 车床带传动装置,从图 3.2.1 中选择拆装 V 带所需要的工具:____________________________。

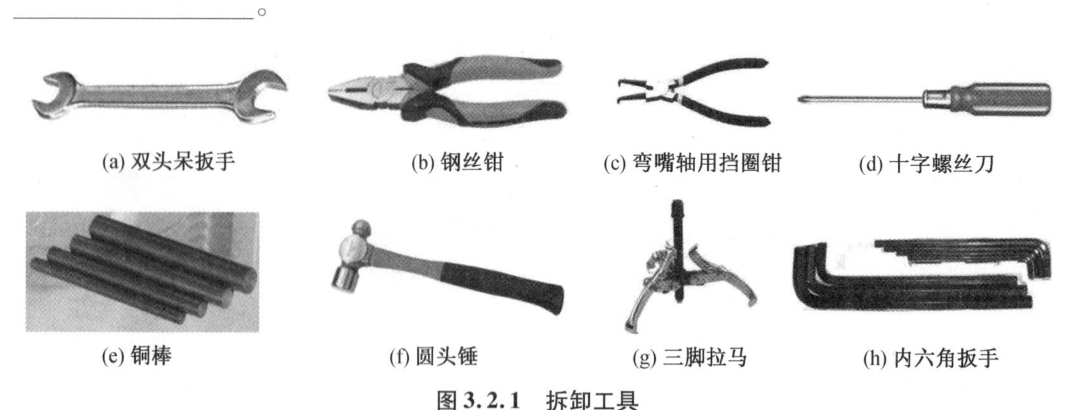

(a) 双头呆扳手　(b) 钢丝钳　(c) 弯嘴轴用挡圈钳　(d) 十字螺丝刀
(e) 铜棒　(f) 圆头锤　(g) 三脚拉马　(h) 内六角扳手

图 3.2.1　拆卸工具

本任务需调节张紧装置中电动机底部的调节螺钉，要使用的拆装工具为__________________________________。

2. 合理拆装工艺方案的制订

制订V带的拆装工艺方案，并记录在下面空白处。

其连接方式是螺纹连接，连接件是螺钉和六角螺母，所以应选用合适型号的普通扳手或活扳手，然后根据各零部件的位置关系制订拆装工艺方案，即缩短两带轮中心距→拆卸V带→检查V带的磨损情况→清洗及安装V带→对V带进行检查与调整。

3.2.4　任务准备

设备：CA6140车床。
工具：各种型号拆装工具一套。

3.2.5　知识准备

1. 带传动简介

带传动是利用张紧在带轮上的柔性带进行运动或动力传递的一种机械传动。根据传动原理的不同，带传动分为靠带与带轮间的摩擦力传动的摩擦型带传动（图3.2.2），以及靠带与带轮上的齿相互啮合传动的同步带传动（图3.2.3）。

图3.2.2　摩擦型带传动

图3.2.3　同步带传动

带传动具有结构简单、传动平稳、能缓冲吸振、可以在间距大的轴间和多轴间传递动力、造价低廉、不需润滑、维护容易等特点，在近代机械传动中应用十分广泛。

摩擦型带传动能过载打滑，运转噪声低，但传动比不稳定；同步带传动可保证传动同步，但对载荷变动的吸收能力稍差，高速运转有噪声。

2. V带传动

V带传动是靠V带的两侧面与轮槽侧面压紧产生摩擦力进行动力传递的。与平带传动相比,V带传动的摩擦力大,因此可以传递较大功率。V带较平带结构紧凑,而且V带是无接头的传动带,所以传动较平稳。V带传动是带传动中应用最广泛的一种。

V带传动装置通常由主动轮、从动轮和张紧在两轮上的环形带组成。

(1)普通V带

结构:承载层为绳芯或胶帘布,楔角为40°,相对高度近似为0.7,梯形截面环形带有包布式和切边式两种。

特点:当量摩擦系数大,工作面与轮槽黏附性好,允许包角小、传动比大、预紧力小,绳芯结构带体较柔软,曲挠疲劳性好。

应用:速度小于25 m/s、功率大于700 kW、传动比小于或等于10的轴间距小的传动。

(2)窄V带

结构:承载层为绳芯,楔角为40°,相对高度近似为0.9,梯形截面环形带有包布式和切边式两种。

特点:除具有普通V带的特点外,能承受较大的预紧力,允许速度的曲挠次数高,传动功率大,耐热性好。

应用:大功率、结构紧凑的传动。

3. V带传动的优缺点

普通V带是一种横截面为梯形的环形带,它适用于小中心距与大传动比的动力传递,广泛应用于纺织机械、机床及一般的动力传动。

V带的速度:普通V带小于或等于30 m/s,窄V带小于或等于40 m/s;功率小于400 kW;传动比小于或等于6。

(1)V带传动的优点

①带是弹性体,能缓和载荷冲击,运行平稳无噪声;

②过载时将导致带在带轮上打滑,因而可起到保护整机的作用;

③制造和安装精度不像啮合传动那样严格,维护方便,无须润滑;

④可通过增加带的长度以适应中心距较大的工作条件。

(2)V带传动的缺点

①带与带轮的弹性滑动使传动比不准确,效率较低,寿命较短;

②传递同样大的圆周力时,外廓尺寸和轴上的压力都比啮合传动大;

③不宜用于高温和易燃等场合。

4. 张紧装置

由于V带的材料不是完全弹性体,在工作一段时间后其会发生伸长而松弛,张紧力降低。因此,V带传动装置应设置张紧装置,以保持正常工作。

张紧装置一般应安装在松边内侧,使带只受单向弯曲,以减少寿命损失;同时张紧轮还应尽量靠近大带轮,以减小对包角的影响。当V带传动装置中任何一个带轮的轴心都不能移动时,所使用V带的长度要能使V带在处于固定位置的带轮之间装卸,在装挂完后,可用张紧轮将其张紧到运转状态。该张紧轮要能在张紧力的调整范围内调整，也能进行对使用后伸长的 V 带的调整。

5. 带轮的结构

主要根据带轮的基准直径选择带轮的结构，根据带的截面形状确定带轮外圆槽的尺寸。常用的 V 带带轮结构有实心式、腹板式、孔板式、轮辐式四种。

实心式，当基准直径小于或等于 2.5 倍轴的直径时采用。

腹板式，当基准直径小于或等于 300 mm 时采用。

孔板式，当孔板内外圆直径之差大于或等于 100 mm 时采用。

轮辐式，当基准直径大于 300 mm 时采用。

6. 普通 V 带型号、标记及注意事项

(1) 普通 V 带型号

普通 V 带应具有对称的梯形横截面，高与宽之比约为 0.7，楔角为 40°，其型号分为 Y、Z、A、B、C、D、E 等七种。

(2) 普通 V 带标记

普通 V 带的标记示例如图 3.2.4 所示。

注：根据供需双方协商，可在标记中增加内周长度。

图 3.2.4　普通 V 带的标记示例

(3) 普通 V 带注意事项

①安装时，减小中心距，松开张紧轮，装好后再调整。

②注意 V 带型号、基准长度。

③两带轮中心线平行，带轮断面垂直于中心线，主、从动轮的槽轮在同一平面内，轴与轴端变形要小。

④定期检查。不同带型、不同厂家生产、不同新旧程度的 V 带不宜同组使用。

⑤保持清洁，避免遇酸、碱或油污使带老化。

【交流与讨论】

(1) 观察带传动装置，并参考相关知识，完成表 3.2.1。

表 3.2.1　CA6140 车床带传动分析

带传动的类型	带传动装置的组成	带的类型	带的结构	带的张紧方式

(2)安装 V 带时,如何确定带的张紧程度?

(3)在拆装 V 带的过程中有哪些注意事项?

3.2.6 任务实施

1. 拆装的注意事项

(1)正确着装,穿好劳动防护服、绝缘鞋,戴好护目镜;
(2)切断机床电源,悬挂好"正在维修"标识牌;
(3)合理、规范地使用各种拆装工具;
(4)拆卸下来的零部件有序、整齐、规范地放置在指定区域;
(5)装配时做好清洁、保养工作。

2. V 带的螺纹连接的拆卸

(1)关闭电源,锁定旋转轴,打开交换齿轮箱侧面箱盖。

(2)找到电动机底部的调整螺钉,用螺丝刀打开箱盖,然后用普通扳手逆时针旋拧调节螺钉,缩短两带轮中心距。

(3)打开小带轮外侧箱盖,先卸下大带轮上的 V 带,再卸下小带轮上的 V 带,将 V 带逐一地从带轮上拆卸下来。

注意事项:拆卸 V 带时,应先将中心距调小,再将 V 带拆卸下来,避免硬撬而损坏 V 带。

(4)将拆卸下来的螺钉按顺序摆放整齐。

注意事项:更换 V 带时,一般要成组更换,不宜逐根调换。

(5)清洗及安装 V 带,先将 V 带套入小带轮,再将 V 带套入大带轮。

注意事项:安装 V 带时,必须将 V 带正确地安装在轮槽中,一般令 V 带的外边缘与轮缘平齐,以保证 V 带在轮槽中的正确位置。

(6)对安装好的 V 带进行检查与调整,通过调节螺钉来使两带轮中心距达到合适位置,确定 V 带的初拉力。

注意事项:安装 V 带时,应按规定的初拉力张紧。对于中等中心距的带传动,一般张紧程度以大拇指能将带按下 15 mm 为宜。

3.2.7　任务拓展

车床中一般采用多根V带。在工作过程中,如果车床V带只有一根松弛或磨损严重,应如何解决呢? 在这种情况下,应全部更换成新带。不能将不同带型、不同厂家生产、不同新旧程度的V带混合使用,否则会造成受力不均。

【想一想】

为延长V带的使用寿命,V带传动装置应如何进行维护?

3.2.8　任务评价

分组完成CA6140车床主V带的拆装,表3.2.2为CA6140车床V带的拆装评分表。

表3.2.2　CA6140车床V带的拆装评分表

序号	技能要求	配分	实测结果	得分
1	拆装工具使用合理与规范	20		
2	主轴箱箱盖拆装工艺正确	30		
3	拆装时零部件无损伤及装配时无遗漏	20		
4	能准确说出V带传动装置各结构名称	30		
5	违反安全文明生产规程(减10~40分)			

3.2.9　总结提升

列出在本任务中新认识的专业词汇、学到的知识点、学会使用的工具、掌握的技能。

1. 新的专业词汇:____________________

____

2. 新的知识点:____________________

____

3. 新的工具:____________________

____

4. 新的技能:____________________

____

任务3.3　主轴箱的拆卸

3.3.1　学习目标

1. 知识目标

(1)理解主轴箱的工作原理;
(2)认识主轴箱内部结构;
(3)掌握通用机械设备拆卸的工艺规程;
(4)掌握通用机械设备拆卸常见质量问题的判定方法。

2. 技能目标

(1)会选择和规范使用拆卸用工具;
(2)能对主轴箱进行拆卸;
(3)能对主轴箱的常见故障进行合理分析;
(4)能进行主轴箱的调试。

3. 素养目标

(1)提高拆装和排除故障的动手能力;
(2)培养遵守安全文明生产规程的好习惯。

3.3.2　知识准备

CA6140车床的主轴箱内部传动部件数量很多。CA6140车床的主轴箱主要由卸荷式带轮、双向多片式摩擦离合器和制动装置及其操纵机构、主轴组件、变速操纵机构等组成。图3.3.1为CA6140车床主轴箱展开图的剖切图。图3.3.2为CA6140车床主轴箱展开图,它是将传动轴沿轴心线剖开,按照传动的先后顺序将其展开而得到的。

1. 卸荷式带轮

主电动机通过带传动使轴Ⅰ旋转,为提高轴Ⅰ旋转的平稳性,轴Ⅰ上的带轮采用了卸荷结构。卸荷式带轮1通过螺钉与花键套筒2连成一体,支承在法兰3内的两个深沟球轴承上。法兰3则用螺钉固定在箱体4上。当带轮1通过花键套筒2的内花键带动轴Ⅰ旋转时,传动带作用于带轮上的拉力经花键套筒2通过两个深沟球轴承经法兰3传至箱体4,使轴Ⅰ只受转矩而免受径向力作用,减小轴Ⅰ的弯曲变形,从而提高传动的平稳性及传动件的使用寿命。这种卸掉作用在轴Ⅰ上由传动带拉力产生的径向载荷的装置称为卸荷装置。

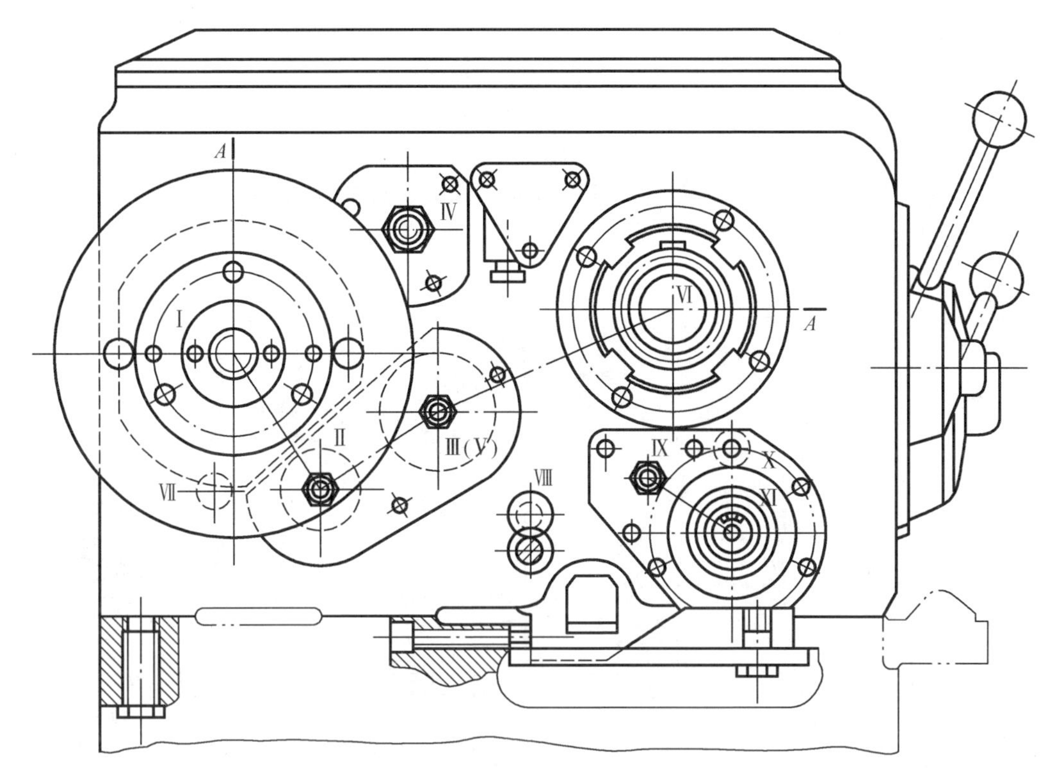

图 3.3.1　CA6140 车床主轴箱展开图的剖切图

2. 双向多片式摩擦离合器和制动装置及其操纵机构

轴Ⅰ上装有双向多片式摩擦离合器，其结构如图 3.3.3(a)所示。双向多片式摩擦离合器由内摩擦片 3、外摩擦片 2、压块 8、螺母 9、销子 5、推拉杆 7 等组成，其左右两部分的结构是相同的。图 3.3.3(a)表示的是左双向多片式摩擦离合器的结构。内摩擦片 3 的孔是花键孔，装在轴Ⅰ的花键上，随轴Ⅰ旋转，其外径略小于空套齿轮 1 套筒的内孔，不能直接传动空套齿轮 1。外摩擦片 2 的孔是圆孔，其孔径略大于花键轴的外径，其外圆上有 4 个凸起，嵌在空套齿轮 1 套筒的 4 个缺口中，所以空套齿轮 1 随外摩擦片 2 一起旋转。内外摩擦片相间安装。当推拉杆 7 通过销子 5 向左推动压块 8 时，将内外摩擦片压紧。轴Ⅰ的转矩由内摩擦片 3 通过内外摩擦片之间的摩擦力传给外摩擦片 2，再由外摩擦片 2 传动空套齿轮 1，使主轴正转。同理，当压块 8 向右压时，主轴反转。压块 8 处于中间位置时，左右内外摩擦片无压力作用，双向多片式摩擦离合器脱开，主轴停转。

双向多片式摩擦离合器由手柄 18 操纵，手柄 18 向上扳绕支撑轴 19 逆时针摆动，拉杆 20 向外，曲柄 21 带动齿扇 17 做顺时针转动(由上向下观察)，齿条轴 22 向右移动，带动拨叉 23 及滑套 12 右移，滑套 12 右面迫使元宝形摆块 6 绕其装在轴Ⅰ上的销轴顺时针摆动，其下端的凸缘推动装在轴Ⅰ孔中的推拉杆 7 向左移动，推拉杆 7 通过销子 5 带动压块 8 向左压紧内外摩擦片，实现主轴正转。同理，将手柄 18 扳至下端位置时，右双向多片式摩擦离合器压紧，主轴反转。当手柄 18 处于中间位置时，双向多片式摩擦离合器脱开，主轴停止转动，为了操纵方便，支撑轴 19 上装有两个操纵手柄，分别位于进给箱的右侧和溜板箱的右侧。

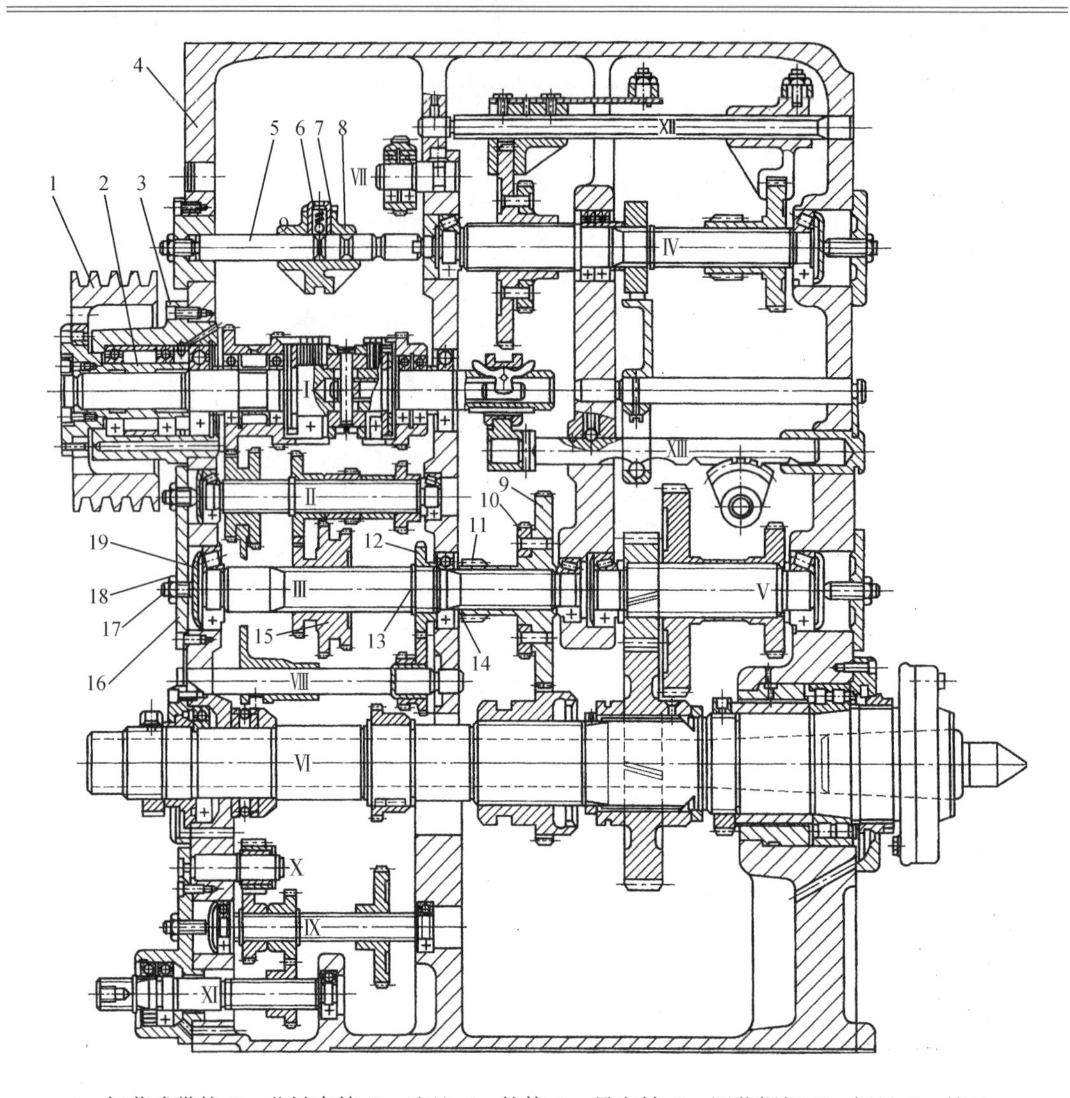

1—卸荷式带轮;2—花键套筒;3—法兰;4—箱体;5—导向轴;6—调节螺钉;7—螺母;8—拨叉;
9,10,11,12—齿轮;13—弹簧卡圈;14—垫圈;15—三联齿轮;16—轴承盖;17—螺钉;
18—锁紧螺母;19—压盖

图 3.3.2 CA6140 车床主轴箱展开图

多向多片式摩擦离合器的摩擦片传递转矩的大小在摩擦片数量一定的情况下取决于摩擦片之间压紧力的大小,其是根据额定转矩调整的。摩擦片磨损后,压紧力减小,这时可进行调整,其调整方法是用工具将防松的弹簧销 4 压进压块 8 的孔内,旋转螺母 9,使螺母 9 相对压块 8 转动,螺母 9 相对压块 8 轴向左移,直到能可靠压紧摩擦片为止,松开弹簧销 4,并使其重新卡入螺母 9 的缺口中,防止其松动。

为了在双向多片式摩擦离合器松开后克服惯性作用,使主轴迅速降速或停止,在主轴箱内的轴Ⅳ上装有制动装置,如图 3.3.3(b)所示,制动装置由通过花键与轴Ⅳ连接的制动盘 16、制动钢带 15、杠杆 14 及调整装置等组成。制动钢带 15 一端通过调节螺钉 13 与箱体连接,另一端固定在杠杆 14 上端。当杠杆 14 绕其转轴逆时针摆动时,拉动制动钢带 15,使其包紧在制动盘 16 上,并通过制动钢带 15 与制动盘 16 之间的摩擦力使主轴得到迅速制动。制动力矩的大小可通过调节螺钉 13 进行调整。

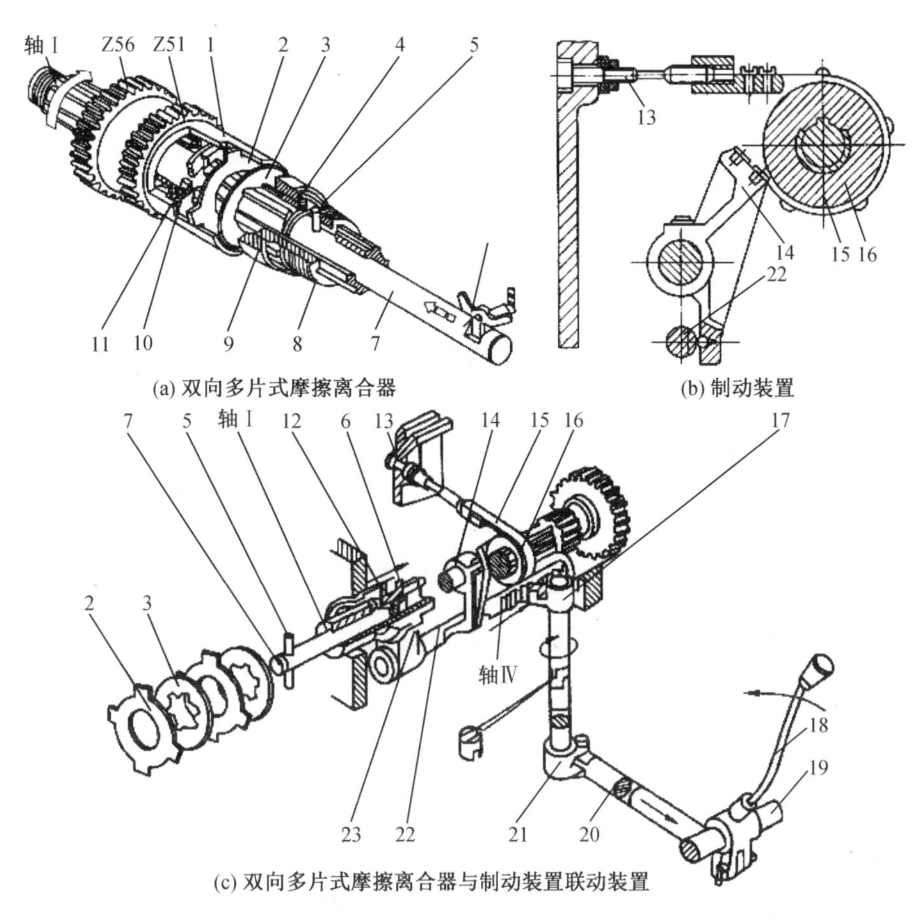

(a) 双向多片式摩擦离合器

(b) 制动装置

(c) 双向多片式摩擦离合器与制动装置联动装置

1—空套齿轮；2—外摩擦片；3—内摩擦片；4—弹簧销；5—销子；6—元宝形摆块；7—推拉杆；8—压块；9—螺母；10，11—止推片；12—滑套；13—调节螺钉；14—杠杆；15—制动钢带；16—制动盘；17—齿扇；18—手柄；19—支撑轴；20—拉杆；21—曲柄；22—齿条轴；23—拨叉

图 3.3.3　双向多片式摩擦离合器和制动装置及其操纵机构

拆装过程中的注意事项如下。

①拆卸前，仔细观察拆卸对象，确定拆卸顺序，做好位置记号；按照教师的要求，对机构、轴系组件进行拆卸；拆下后将零件按装配顺序成组放好；紧固螺钉、键、销等件拆卸后装入原孔（槽）内，防止丢失。

②拆装过程中，用铜棒传力，不得用手锤直接敲打工件；拆卸滚动轴承用拉马；拆卸轴上零件时，着力点应尽量靠近轮毂；要放稳工件，注意安全。

③拆卸螺纹连接要特别检查有无防松垫片或其他防松措施；拆卸角接触轴承、推力轴承要特别注意轴承装配方向及其调整垫片的位置。

④拆卸过程中用力适当；拆卸弹性挡圈或调节弹簧力的螺纹连接件时，防止零件弹出伤人。

⑤拆卸圆锥销时，要用冲子，从小端施力，禁止反向敲击。

⑥装配时注意装配件的初始位置和装配顺序；螺纹紧固力应均匀；按教师要求进行间

隙(游隙)位置的调整,调整后盘动机构,手感应轻便且阻力均匀无窜动。

⑦机械装配前必须进行清洗。清洗剂一般用煤油,也可用金属清洗剂等;清洗滚动轴承等精密零件要用绸布,以防纤维脱落影响零件正常工作。

双向多片式摩擦离合器与制动装置采用同一操纵机构控制。要求停车(即双向多片式摩擦离合器处于中位)时,主轴能迅速制动;开车(即双向多片式摩擦离合器处于左或右位)时,制动钢带 15 应完全松开。当抬起或压下手柄 18 时,通过拉杆 20、曲柄 21 及齿扇 17,使齿条轴 22 向左或向右移动,再通过元宝形摆块 6、推拉杆 7 使左边或右边双向多片式摩擦离合器结合,从而使主轴正转或反转。此时杠杆 14 下端位于齿条轴 22 圆弧形凹槽内,制动钢带 15 处于松开状态。当手柄 18 处于中间位置时,齿条轴 22 和滑套 12 也处于中间位置,双向多片式摩擦离合器左、右摩擦片组都松开,主轴与运动源断开。这时,杠杆 14 下端被齿条轴两凹槽间凸起部分顶起,从而拉紧制动钢带 15,使主轴迅速制动。

3. 主轴组件

主轴组件是车床的关键组成部分。车床工作时工件装夹在主轴上,并由其直接带动旋转做主运动。

主轴前端的结构如图 3.3.4 所示。主轴前端采用精密的莫氏 6 号锥孔,用于安装卡盘或拨盘。拨盘或卡盘座 4 由主轴 3 端部的短圆锥面和法兰端面定位,由卡口垫 2 和插销螺栓 5 紧固,由螺钉 1 锁紧。这种结构装卸方便,工作可靠,定心精度高。主轴前端的悬伸长度较短,有利于提高主轴组件的刚度。

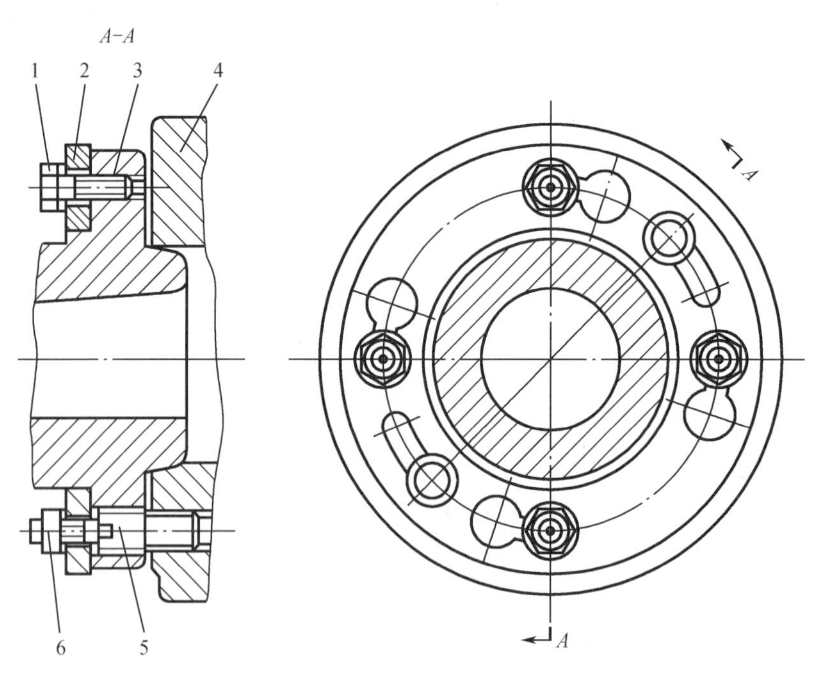

1—螺钉;2—卡口垫;3—主轴;4—卡盘座;5—插销螺栓;6—螺母

图 3.3.4　主轴前端的结构

CA6140 车床主轴组件的轴承支承方式有三支承和两支承两种。如图 3.3.5 所示的 CA6140 车床主轴组件的轴承支承方式为两支承。主轴的前支承为双列圆柱滚子轴承 4,用于承受径向力。主轴的后支承为两个滚动轴承,角接触球轴承 18 用于承受径向力和主轴受的向右的轴向力，推力球轴承16用于承受主轴受的向左的轴向力。主轴轴承应在无间隙（或少量过盈）条件下运转，故主轴组件在结构上应保证能够调整轴承间隙。调整前支承的间隙时，逐渐拧紧螺母6，通过阻尼套筒5内套的移动使双列圆柱滚子轴承4的内圈做轴向移动，迫使内圈胀大。用百分表触及主轴前端轴颈处，撬动杠杆使主轴受200～300 N的径向力，保证轴承径向间隙小于0.005 mm，且大齿轮转动灵活，最后将螺母6锁紧。调整后轴承时先将螺母6松开，再旋转螺母21，逐渐收紧角接触球轴承18和推力球轴承16。用百分表触及主轴前端面，用适当的力前后推动主轴，保证轴向间隙小于0.01 mm。同时用手转动齿轮8，若感觉不太灵活，可以在角接触球轴承18内、外后端敲击，直到手感觉主轴旋转灵活自如后，再将两螺母锁紧。

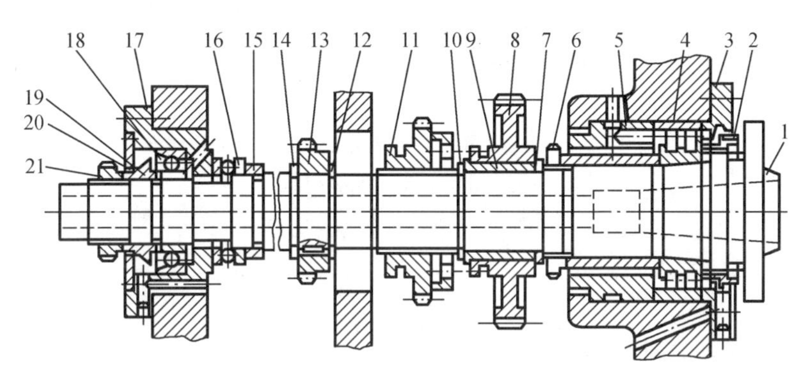

1—主轴；2—密封套；3—前轴承端盖；4—双列圆柱滚子轴承；5—阻尼套筒；
6,21—螺母；7,15—垫圈；8,11,13—齿轮；9—衬套；10,12,14—开口垫圈；
16—推力球轴承；17—后轴承壳体；18—角接触球轴承；19—锥形密封套；
20—盖板；21—螺母

图3.3.5　CA6140车床主轴组件

主轴上装有三个齿轮，前端处齿轮8为斜齿圆柱齿轮，可使主轴传动平稳，传动时齿轮作用在主轴上的轴向力与进给力方向相反，因此可减小主轴前支承所承受的轴向力。齿轮8空套在主轴上，当它移动到右端位置时，主轴低速运转；当它移到左端位置时，主轴高速运转；当它处于中间空当位置时，主轴与轴Ⅲ及轴Ⅴ间的传动联系断开，这时可用手转动主轴，以便进行测量主轴精度及装夹工件时的找正等工作。左端的齿轮固定在主轴上，用于传动进给系统。

4. 变速操纵机构

换挡机构的作用是改变滑移齿轮位置，以控制主轴的转速。变速操纵机构如图3.3.6所示，转动手柄1，通过链传动装置带动凸轮转动，驱动杠杆拨动齿轮，变换轴Ⅱ、轴Ⅲ上的滑移齿轮，就可以实现主轴变速。

3.3.3　任务准备

设备：CA6140车床。

工具：各型号拆装工具一套。

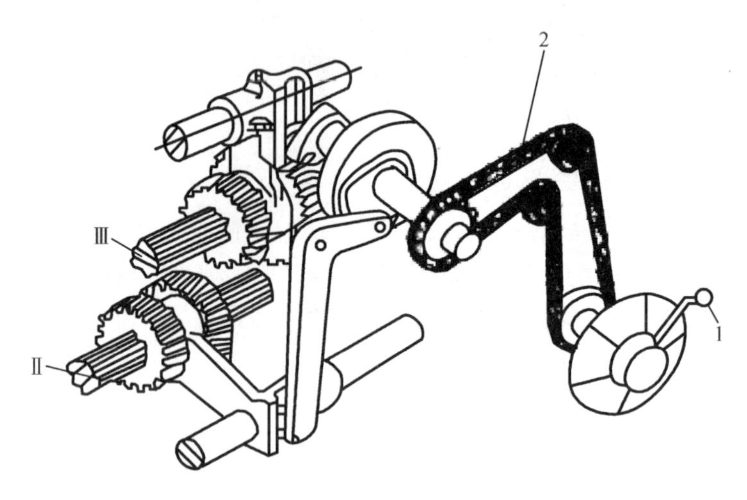

1—手柄;2—链条;Ⅱ—主轴箱轴Ⅱ;Ⅲ—主轴箱轴Ⅲ

图3.3.5　变速操纵机构

3.3.4　任务实施

1. 主轴箱外围附件的拆卸

打开主轴箱盖和带轮上的防护罩,拆下轴Ⅱ、轴Ⅲ上变速操纵机构的支架,取出盘形凸轮和小轴,拆下分油器。

2. 轴Ⅰ的拆卸

先拆下卸荷式带轮,然后从左孔移出轴Ⅰ部件,再拆卸轴上零件;旋下轴Ⅰ左端挡圈上的螺钉,拆下带内螺纹的挡圈;旋下卸荷式带轮上的螺钉和定位销,拆下卸荷式带轮和花键套筒;调松左边的双向多片式摩擦片离合器,使元宝销能从滑套中顺利滑出;旋下法兰上的螺钉,用法兰上起盖螺孔取出法兰;法兰内的滚动轴承可用铜棒向右敲出;向左取出轴Ⅰ部件;拆左边的双向多片式摩擦片离合器(用铜棒向左敲出空套齿轮,接着旋松止推片上的螺钉,使止推片槽与花键槽对齐,然后向左移出止推片和内外摩擦片);打出元宝销上的销轴,拆下元宝销,并拆下平键;用弹簧卡钳撑开轴承右边的轴用弹性挡圈,并从轴上向右移出;用轴承拆卸工具拆右边的滚动轴承,并取出轴套;用木棒向右打出空套齿轮;拆右边的双向多片式摩擦片离合器;向下打出销子,向左移出推拉杆;拆下压块和螺母。

3. 轴Ⅳ的拆卸

由于轴Ⅳ与其左边的导向轴处于同一轴线上,因此轴Ⅳ的拆卸应先拆出导向轴,然后向左打出轴Ⅳ。

拆导向轴时,先旋松拨叉上的螺母,取出弹簧钢珠;拆下导向轴的左端盖,用拔销器向左拉出导向轴,取出其上的拨叉;拆下轴Ⅳ右端的轴承端盖,取出顶在外圈上的压盖;用轴用弹簧卡钳撑开制动盘右边的轴用弹性挡圈,并置于轴上;调松制动钢带;用木棒向左打出轴Ⅳ,取出其上的两个滑移齿轮、套筒、制动轮、轴用弹性挡圈和右支承处圆锥滚子轴承的内圈;用铜棒敲出中间支承处的两个深沟球轴承和右支承处圆锥滚子轴承的外圈;用轴承拆卸工具拉出轴Ⅳ左支承处的圆锥滚子轴承。

4. 主轴轴组的拆卸

CA6140 车床主轴箱主轴结构如图 3.3.5 所示。由于主轴上各段直径向右成阶梯状,且最大直径在右端,主轴的拆卸方向应由左向右。

其拆卸过程如下。

(1)将连接前轴承端盖 3 和主轴箱的螺钉松脱,拆卸前轴承端盖 3。

(2)松开主轴上的螺母 6 及螺母 21,由于止推轴承的关系,螺母 6 只能松至碰到垫圈 7 处,敲击主轴使主轴向右移动一段距离,再将螺母 6 旋至全部松开为止(松开主轴上的螺母前,必须将螺母上的锁紧螺钉先松掉)。

(3)用挡圈装卸钳将轴向定位用的开口垫圈 10、开口垫圈 12、开口垫圈 14 撑开取出,把齿轮 8 及垫圈 7 滑移至左面。

(4)当主轴向右移动完全没有阻碍时,才能用击卸法敲击主轴左端(敲击时应加防护垫铁),待其松动后,即能从主轴箱右端把它抽出。

(5)从主轴箱中拿出齿轮、垫圈及止推轴承等;后轴承壳体 17 在松卸其紧定螺钉后,可将其垫铜棒向左敲出。

(6)主轴上的双列圆柱滚子轴承 4 垫了铜套后向右敲击,也可用专用拉卸器将其拉卸出。

其他各轴的拆卸方法可参考以上三根轴的拆卸方法。

3.3.5　任务评价

表 3.3.1 为 CA6140 车床主轴箱的拆卸评分表,按完成情况进行评分。

表 3.3.1　CA6140 车床主轴箱的拆卸评分表

总得分____________

项次	项目和技术要求	实训记录	配分	得分
1	正确选用和使用拆卸工具		10	
2	对应主轴箱的装配图、拆卸方法和步骤正确		10	
3	拆卸后的零件无损坏并按顺序摆放,操作安全		30	
4	主轴箱装配精度结果合格		15	
5	能叙述装配基本知识,包括装配工艺,装配时的连接和配合等,并回答相关的问题		15	
6	团队合作情况好		10	
7	操作动作规范		10	
小　　计				
总　　计				

注:自我评价占 30%,小组评价占 30%,教师评价占 40%。

3.3.6 总结提升

列出在本任务中新认识的专业词汇、学到的知识点、学会使用的工具、掌握的技能。

1. 新的专业词汇：______________________________

____

2. 新的知识点：______________________________

____

3. 新的工具：______________________________

____

4. 新的技能：______________________________

____

任务3.4 主轴箱的装配

3.4.1 任务目标

1. 知识目标

(1)能够熟练地掌握各零部件装配的原则和注意事项；
(2)了解在实际装配过程中的特殊点和注意点；
(3)了解在装配时主轴各机构之间的内在联系。

2. 技能目标

(1)结合实际操作,能熟练地根据装配顺序和主轴各零部件特点进行合理装配；
(2)能正确选择合适的装配工具,并能灵活使用,以实现机械设备的有效装配；
(3)能完成装配后的检验调试,保证装配的合理。

3. 素养目标

(1)熟悉和掌握安全操作常识；
(2)养成遵守安全文明生产规程的好习惯。

3.4.2 任务描述

结合机械装配原则和注意事项,以及之前拆卸的经验,顺利地将主轴各部件完整地装配起来,熟练地掌握机械装配工具在装配过程中的使用。结合实际操作,再一次深入了解机械拆装工具的使用规范和使用场合,并结合对典型单元——主轴的装配过程,对机械的装配和最终的检验调试有直观的理解和初步的掌握。

3.4.3　任务准备

设备:CA6140 车床。

工具:各型号拆装工具一套。

3.4.4　任务明晰

机械的装配其实就是拆卸的反操作,装配是机械设备维修工作的一个重要环节,如果装配不当,会造成设备的损坏及精度下降,使得设备重新装配后再也无法正常运行,甚至无法修复而带来报废损失。在进行装配前应首先对装配过程进行一个总体的规划,制订一个方案,明确先拆哪里,后拆哪里,这样才能少走弯路。

车床的主轴箱由主轴部件、其他传动轴部件及操纵机构等组成。主轴箱内各传动件的传动关系,传动件的结构、形状、装配方式及其支承结构,常采用展开图的形式表示,如图3.3.2 所示。

1. 主轴部件

主轴部件主要由主轴、主轴支承及安装在主轴上的齿轮组成。主轴是空心阶梯轴。主轴的内孔可通过长棒料或气动、液动、电动夹紧装置。主轴前端内孔为莫氏 5 号,用于安装顶尖;主轴前端外部采用短锥法兰式结构,用于安装卡盘等夹具。短锥面便于定位和装拆,定心精度高,轴的悬伸短;法兰上有 4 个螺纹孔,便于用螺钉把卡盘固定在主轴上。

主轴采用三支承结构,前、中支承采用精密圆锥滚子轴承,两轴承大口朝外,以增强轴系刚度;后支承采用深沟球轴承。

主轴上圆锥滚子轴承的游隙调整用圆螺母,圆螺母上径向螺钉,起防松作用。

2. 其他传动轴部件

主轴箱内的轴Ⅰ、主轴转速较高,采用深沟球轴承支承,其中轴Ⅰ较短,采用二支承结构,主轴较长,采用三支承结构。主轴上的齿轮通过花键连接,实现周向固定轴向滑移。轴Ⅳ上的空套齿轮与轴之间装有铜套(滑动轴承)。

3. 操纵机构

轴Ⅱ、轴Ⅴ上的滑移齿轮采用摆动式操纵机构。当扳动手柄时,经转轴、摆杆、滑块拨动滑移齿轮做轴向移动而改变齿轮的位置,达到变速的目的。钢球起定位作用,以保证滑移齿轮轴向位置正确。螺钉通过弹簧可调节对钢球的压紧力,由扳动手柄时的感觉确定。

3.4.5　任务决策

1. 制订装配方案

依据主轴箱装配图(图 3.4.1)、主轴箱装配零件清单(表 3.4.1)及装配原则,确定合适的装配顺序，制订装配方案。

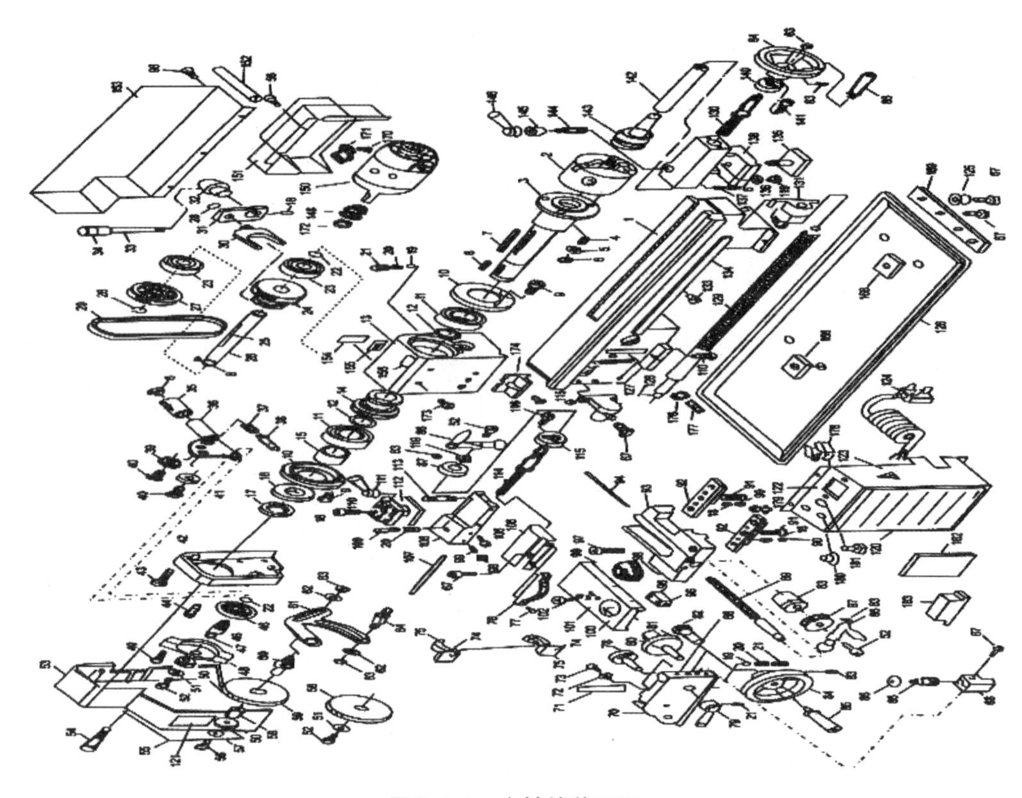

图 3.4.1 主轴箱装配图

表 3.4.1 主轴箱装配零件清单

序号	件 号	名 称	数量	序号	件 号	名 称	数量
1	01－01	机床床身	1	2		卡盘	1
3	02－02	主轴	1	4		螺钉 M6×25	3
6		螺母 M6	5	7		键 M5×40	1
8		键 M4×8	2	9		螺钉 M5×12	6
10	02－03	油封盖	2	11		球轴承	2
12	02－05	隔套	2	13	02－01	主轴箱体	1
14	02－07	固定双联齿轮	1	15	02－06	隔套	1
16	02－08	主轴齿轮	1	17		圆螺母 M27×1.5	1
18		定位螺钉 M5×8	1	19		钢球 $\phi5$	2
20	08－09	压缩弹簧	3	21		定位螺钉	3
22		制动弹簧挡圈	2	23		球轴承 6201ZZ	2
24	02－04	滑移双联齿轮	1	25		平键 M4×45	1

表3.4.1(续)

序号	件　号	名　　称	数量	序号	件　号	名　　称	数量
26		高低速齿轴	1	27	02－09	同步齿形带轮	1
28		制动弹簧挡圈	2	29		同步带 L×136	1
30	02－011	拨叉	1	31	02－012	拨叉架	1
32		拨叉座	1	33		拨叉旋转杆	1
34		拨叉把手	1	35		手柄	1
36	08·1－01 08·1－02	定位针套筒(和扇形板焊接组件)	1	37	08－09	压缩弹簧	1
38	08－07	定位针	1	39		小齿轮 25T	1
40		支承螺钉	2	41		小齿轮	1
42	08－03	挂轮固定板	1	43		螺钉 M6×20	2
44		螺钉 M5×8	1	45		齿轮 45T	1
46		轴	1	47		平键 3×8	1
48	08－02	齿轮架	1	49		螺钉 M5×18	2
50		小齿轮 20T	2	51		垫圈 M6	4
52		螺钉 M6×8	2	53	08－28	挂轮罩壳	1
54		螺钉 M5×45	2	55		切削螺纹搭牙表	1
56		螺钉 M5×8	8	57		垫圈 M4	2
58		齿轮轴套/键	1	59		齿轮 80T	2
60		轴	1	61	08－01	挂轮支架	1
62		垫圈 M8	3	63		螺母 M8	3
64		轴	1	65		乱扣盘面板 16T	1
66		轴	1	67		螺钉 M6×16	10
68	06－12	乱扣盘座	1	69		定位螺钉	3
70	06－01	溜板箱体	1	71		塞铁	1
72		垫圈	2	73		螺钉 M4×8	2
74		轴	2	75	06－01	对开螺母底座	2
76	04－13	角度块	1	77		螺钉 M4×10	2
78		转向定位	1	79		手柄	1
80		轴	1	81		进给齿轮 11T/54T	1
82		进给齿轮 24T	1	83		螺钉 M6×10	4
84		手轮	2	85		手柄套	2

2. 车床主轴箱的装配

装配应遵循“先下后上,由下到上”的原则。在装配之前应仔细检查各零件有无毛刺、损伤、刮痕及变形,用工具(整形锉刀、三角刮刀、油石等)进行修整,如有损坏的零件应更换;所有零件清洗干净;读装配图,搞清零部件装配关系,准备装配。

(1)装配部件分类

表3.4.2为主轴箱各部件分类表

表3.4.2 主轴箱各部件分类表

部件名称	编号	功能	图片
主轴变速机构	1	用于调整主轴的转速	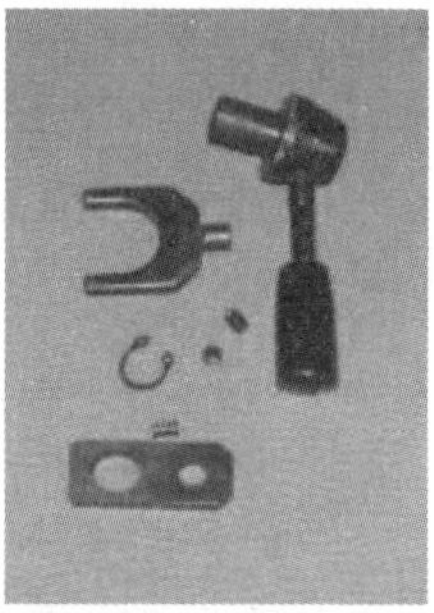
主轴部件	2	主要作用是传递扭矩	
传动机构	3	将电机的运动传递给主轴	
主轴箱箱体	4	主轴箱的大型基础部件,用于支承主轴及其他部件	

(2)确定装配顺序

依据主轴结构及前面所学的装配原则,将合适的装配顺序的编号在下面空白处绘成流程图。

3.4.6 任务实施

1. 主轴组装装配前置作业

(1)零件清洗

通常使用超音波清洗机(Ultrasonic Cleaner)对零件进行清洗。超音波和其他音波一样,是一系列的压力点,即一种压缩和膨胀交替的波。如果能量足够强,液体在波的膨胀阶段被推开,由此产生气泡;而在波的压缩阶段,这些气泡就在液体中瞬间爆裂或内爆,产生一种非常有效的冲击力,这个过程被称作空化作用(cavitations),借此产生的强大冲击力将工件表面的污物剥落。

超音波清洗的特点如下。

①适用于各种复杂形状、深孔、细缝和隐蔽处不易清洗的零件;

②适合所有水性或溶剂型的清洗剂;

③可以对清洗制程进行较严格的制程管制(如温度、时间);

④可达到较高的清洗质量要求(清洗效率及清洗洁净度高)。

(2)轴承清洗

对于精密轴承,滚动体和滚道的接触表面清洁度对工作寿命有很大的影响,因为污染物会急剧增加磨损,缩短工作寿命。

精密轴承清洗时必须注意以下事项。

①从包装中取出精密轴承时,清洗人员的手应保持清洁干燥;

②注意环境保护、健康和工作安全性等。

清洗剂的操作方法必须遵守清洗剂产品说明,以免发生危险。

清洗剂:去渍油、煤油、柴油、汽油和水基清洗剂,碳氢清洗剂及其他轴承专用清洗剂等。

清洗设备:浸洗、超音波清洗、喷淋清洗机及其他设备等。

2. 零件检验

测量基本上是一种比较行为,所以需有共同基准。对于精密零件的装配,公差的满足非常重要,除了尺寸公差之外,几何公差亦不可或缺。无论尺寸公差还是几何公差的测量,测量时需正确地建立基准。

主轴零件测量常用以建立基准的物品有以下几项。

(1)平板(平台):作为量测的基准平板(平台),通常测量时标准件、受测物及量测设备置于平板(平台)上以其为共同基准。

(2)块规:为长度的基准,可作为测量时的精密垫块。

(3)直角规或直角板:作为直角的基准。

(4)V 形块组:作为圆形工件的基准。

(5)标准塞、环规组:作为孔形工件的基准。

(6)其他校正器:阶梯规及其他标准器具。

主轴零件检验室的环境要求为温度 20 ℃ ±2 ℃,电磁屏障及接地,相对湿度 50% ±10%。

3. 装配工具的选择

按确定的装配顺序为每一步选择最合适的装配工具,装配过程中使用的装配工具如图 3.4.2 所示。

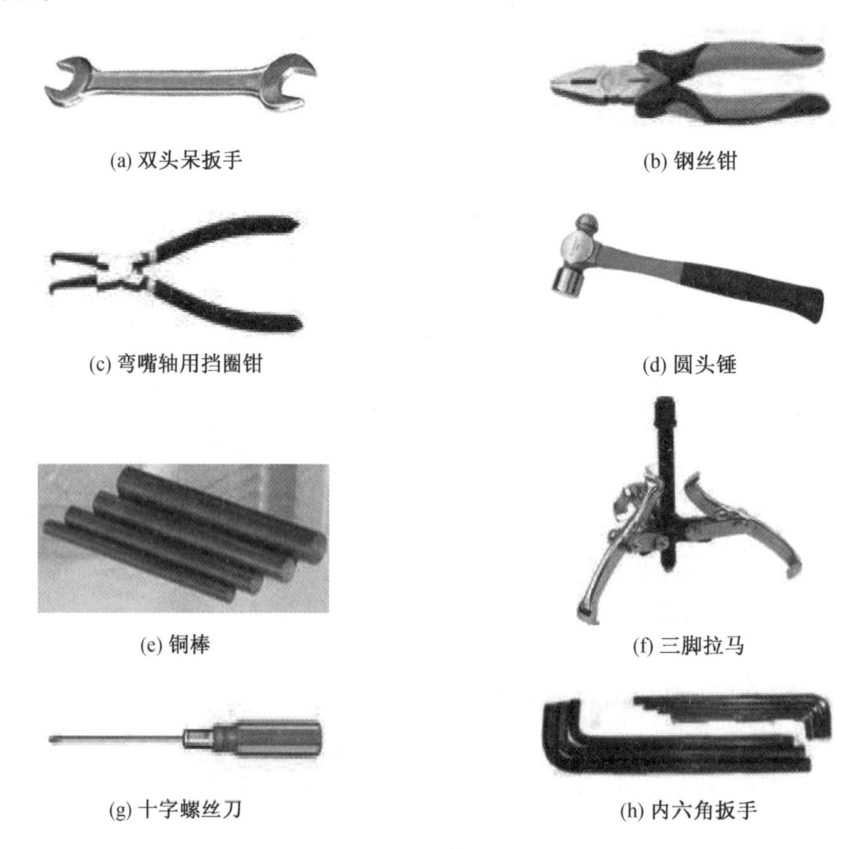
(a) 双头呆扳手　(b) 钢丝钳　(c) 弯嘴轴用挡圈钳　(d) 圆头锤　(e) 铜棒　(f) 三脚拉马　(g) 十字螺丝刀　(h) 内六角扳手

图 3.4.2　装配工具

4. 装配技术要点

要保证产品的装配质量，主要是应该按照规定的装配技术要求去装配。不同的产品其装配技术要求虽不尽相同，但在装配过程中有许多技术要点是必须共同遵守的，其中包括以下几点。

(1)做好零件的清理和清洗工作。清理工作包括去除残留的型砂、铁锈、切屑等，对于孔及其他容易留存杂物的地方，尤其应仔细进行清理工作。要做好零件加工后的去毛刺、倒角工作，要防止因操作不当损伤其他表面而影响精度。

(2)做好润滑工作。相配表面在配合或连接前，一般都需要加油润滑。如果在配合和连接之后再加油润滑，会导致机器在启动阶段因不能及时供油而加剧磨损。对于过盈连接件，配合表面如缺乏润滑，则在敲入或压合时极易发生拉毛现象。当活动连接的配合表面缺少润滑时，即使配合间隙正确，也常常因出现卡滞现象而影响正常的活动性能，有时会被误认为配合不符合要求。

(3)相配零件的配合尺寸要准确。装配时对于某些较重要的配合尺寸进行复验或抽验，是很有必要做的一项工作，尤其是需要知道实际的配合间隙或过盈时。过盈配合的连接一般都不宜在装配后再拆下重装，所以对实际过盈量的准确性要十分重视。

(4)边装配边检查。当所装配的产品较复杂时，每装配完一部分应检查一下是否符合要求，而不要等大部分或全部装配完后再检查，此时发现问题往往为时已晚，有时甚至不易查出问题产生的原因。

在对螺纹连接件紧固的过程中，还应注意对其他有关零部件的影响，即随着螺纹连接件的逐渐拧紧，有关的零部件位置也可能有所变动，此时要防止发生卡住、碰撞等情况，避免产生附加应力而使零部件变形或损坏。

(5)试车前的检查和启动过程的监视。试车意味着机器将开始运动并经受负荷的考验，不能盲目从事，因为这是最有可能出现问题的阶段。试车前，做一次全面的检查是很必要的，包括装配工作的完整性、各连接部分的准确性和可靠性、活动件运动的灵活性、润滑系统是否正常等。在确保各项操作都无误和安全的条件下，方可开机运转。

机器启动后，应注意观察各运动件的工作是否正常，主要工作参数(包括润滑油的压力和温度、振动和噪声、机器有关部位的温度等)是否正确。只有启动阶段各项运行指标均正常稳定，才有条件进行下一阶段的试机内容。而启动一次成功的关键在于装配全过程的严密和认真。

5. 装配工具确定

依据装配原则和制订的装配方案，为各装配步骤选择最合适的装配工具，完成表3.4.3。

表3.4.3　各装配步骤的装配工具选择

装配步骤	主轴变速机构	主轴部件	传动机构	主轴箱箱体
装配工具				

6. 装配前的准备工作

(1)装配现场和工具准备(图 3.4.3)。

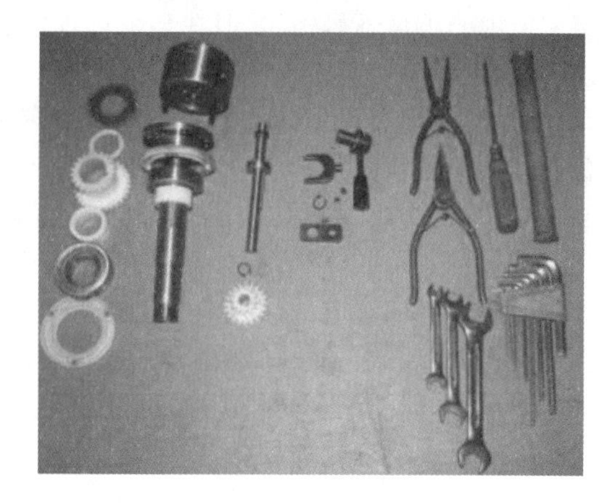

图 3.4.3 装配现场和工具准备

(2)用棉布、毛刷和煤油(或汽油)将主轴、轴承等零件中的铁屑、油渍等脏物清洗掉并擦拭干净(图 3.4.4)。

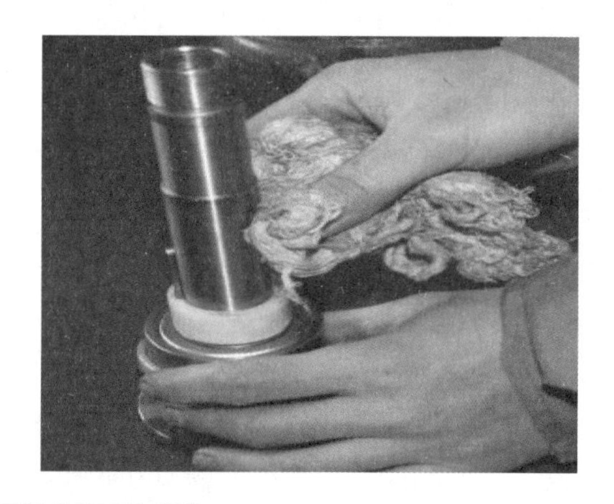

图 3.4.4 主轴及零部件清理和清洗

(3)对主轴、轴承等精密部件进行润滑处理(图 3.4.5)。

机器装配过程中对部件,特别是对于轴承、精密配件、密封件及有特殊清洗要求的工件等的清洗对提高产品装配质量、延长产品使用寿命均有重要意义。

7. 主轴部件的装配

(1)将油封盖、球轴承和隔套等零件依序装到主轴上。需要注意的是装配隔套前一定要先安装好键(图 3.4.6)。

(2)将主轴装入主轴箱,在此过程中需将垫片、隔套和滑移双联齿轮装入主轴。主轴的装配分解流程见表 3.4.4。

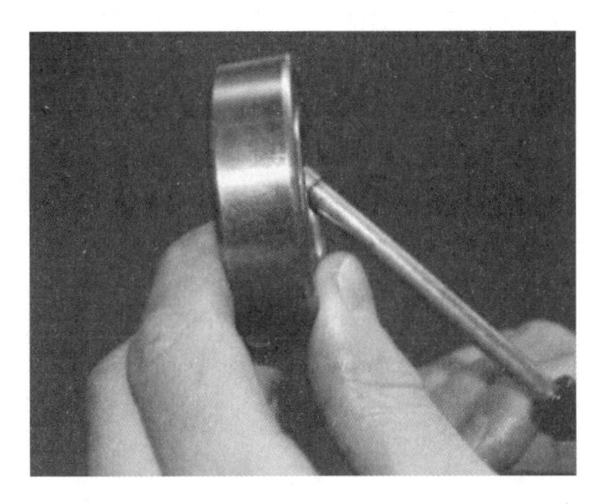

图3.4.5　主轴、轴承等精密部件润滑

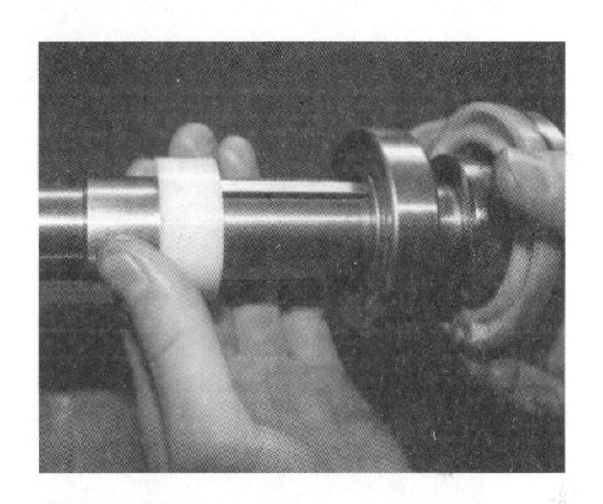

图3.4.6　油封盖、球轴承和隔套等零件装入主轴

表3.4.4　主轴的装配分解流程

装配图示	备注
	安装齿轮

表 3.4.4(续)

装配图示	备注
	安装垫片
	安装齿轮
	注意安装正反面
	完成后

(3)选用合适的工具将隔套、轴承安装到位,并将油封盖安装到主轴箱上,见表3.4.5。

表3.4.5 隔套、轴承、油封盖安装

装配图示	备注
	放入隔套
	放入轴承
	安装油封盖

8. 传动机构的装配

(1)将已安装好键和轴承的传动轴穿入主轴箱,安装时需将滑移双联齿轮安装到传动轴上;选用合适的卡簧钳将弹簧卡圈装入传动轴,见表3.4.6。

表3.4.6　传动机构的装配(1)

装配图示	备注
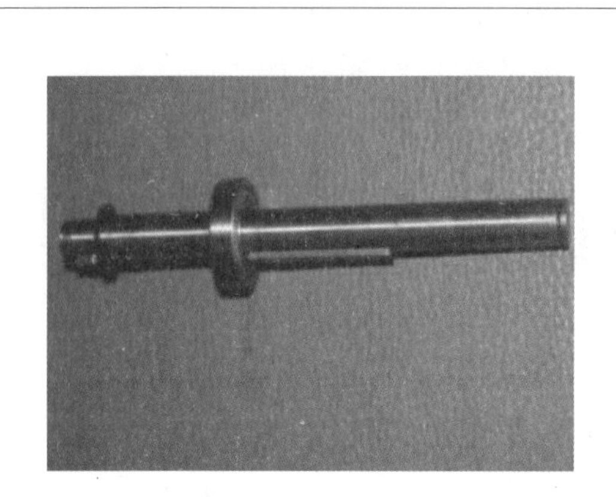	 传动轴
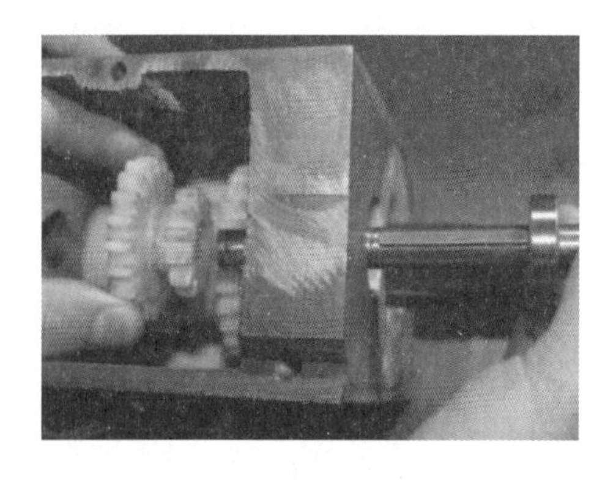	滑移双联齿轮、弹簧卡圈装入传动轴
	将传动轴穿入主轴箱,此处弹簧卡圈的作用是固定双联滑移齿轮,防止其在轴向蹿动

(2)选用合适的铜棒将传动轴正确安装到主轴箱中,用卡簧钳将弹簧卡圈安装到轴头上以固定轴承,见表 3.4.7。

表 3.4.7　传动机构的装配(2)

装配图示	备注
	找准传动轴
	安装传动轴
	安装弹簧卡圈,注意均匀用力

9. 主轴变速机构的装配

(1)安装拨叉和拨叉架,见表3.4.8。拨叉的作用是拨动主轴箱内的滑移双联齿轮来实现变换高低速的目的。

表3.4.8　安装拨叉和拨叉架

装配图示	备注
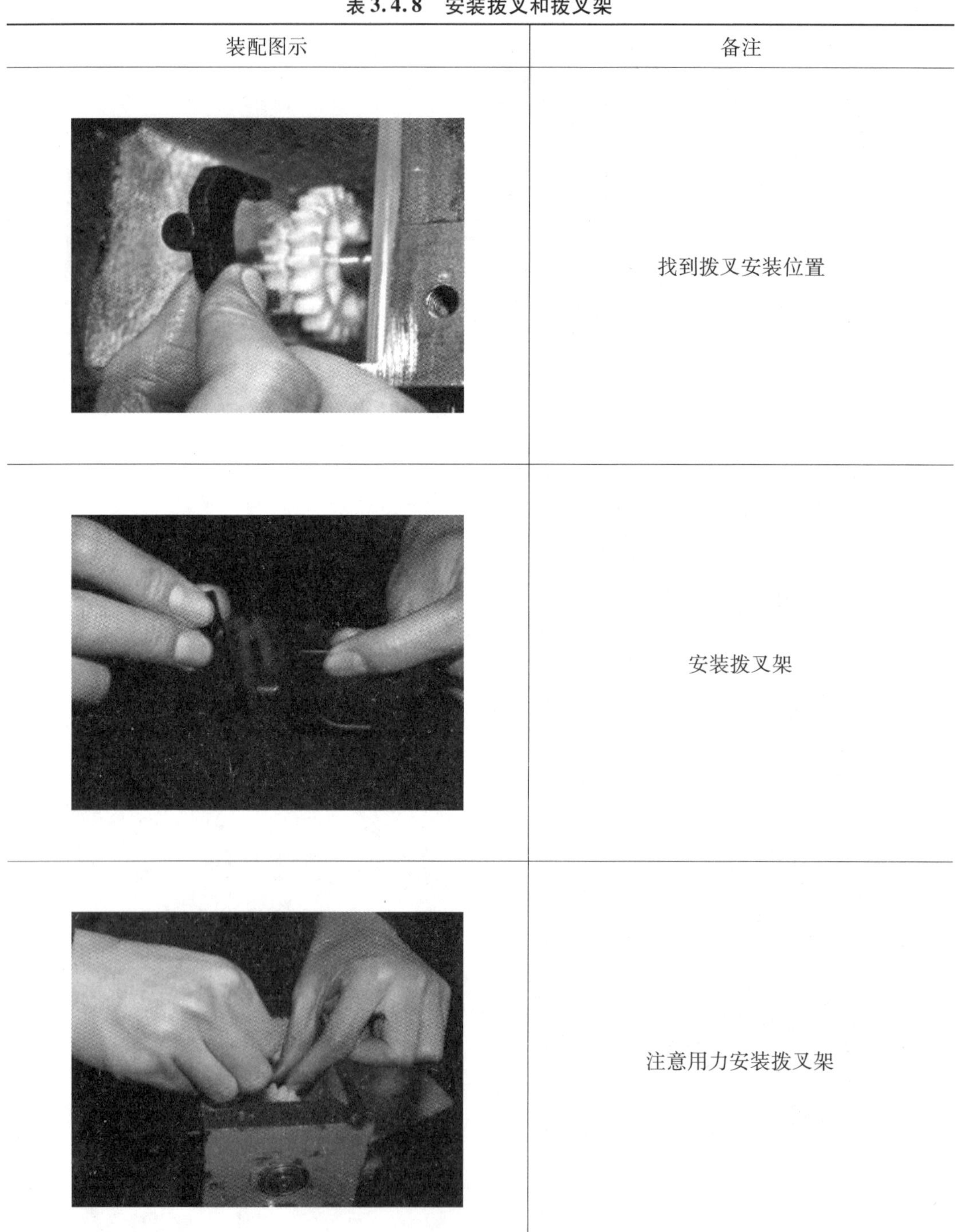	找到拨叉安装位置
	安装拨叉架
	注意用力安装拨叉架

(2)安装拨叉旋转杆及安装固定拨叉与拨叉架的螺钉,见表3.4.9。

表3.4.9　安装拨叉旋转杆及固定拨叉与拨叉架的螺钉

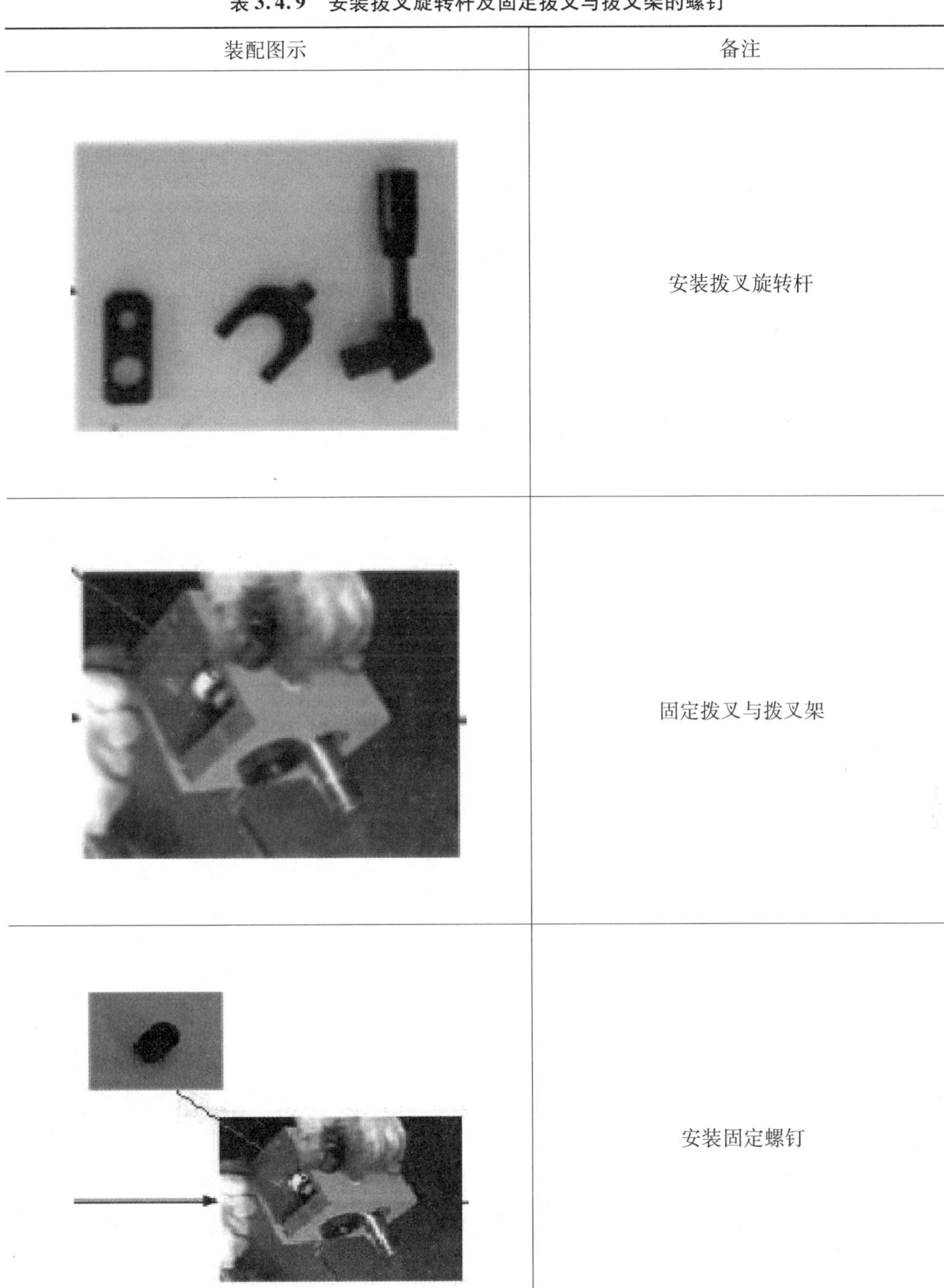

装配图示	备注
	安装拨叉旋转杆
	固定拨叉与拨叉架
	安装固定螺钉

(3)安装固定拨叉旋转杆的钢珠、弹簧和螺钉(图3.4.7)。

图3.4.7 安装固定拨叉旋转杆的钢珠、弹簧和螺钉

10. 专项训练

分组完成主轴箱的装配,并记录装配注意事项,做好装配流程记录。
装配注意事项:

装配流程:

3.4.7 任务评价

依据完成情况,填写表3.4.10。

表3.4.10 主轴箱装配任务评价表

序号	测评内容	评分标准	配分	学生自评	教师考评
1	安全规范	违反安全操作规程,视情节扣1~5分; 乱摆放工具,乱堆杂物,结束后不清理工位,不爱惜设备和器材,最多扣5分	10		
2	纪律态度	不遵守实训场地纪律,扣5分; 不积极参与课堂活动,不能及时快速响应,视情节扣2~5分	10		

表3.4.10(续)

序号	测评内容	评分标准	配分	学生自评	教师考评
3	能正确划分出装配的组成部分	每错划分出一处组成部分扣2分	10		
4	装配后能检验调试,调试规范	装配结束后进行调试得10分,每有一步调试不规范扣1分	10		
5	正确按照规范装配	违规装配一处扣2分	20		
6	正确地选择和使用装配工具	选择正确加1分,使用正确加1分	12		
7	装配后整体机构不存在问题	一处装配错误扣2分	18		
8	团队协作	团队成员不能很好配合每人扣1分;团队出现矛盾冲突,每次扣2分,最多扣5分	10		
总　计			100		
建议总结:					

项目 4　进给传动装置及其零部件的拆装

项目导入

车床除主运动外，进给运动的动力也来自电动机。进给运动经主运动传动链、主轴、进给传动链传至刀架，使得刀架可以实现纵向进给、横向进给或螺纹车削。

任务 4.1　小溜板和刀架的拆装

刀架部件的作用是夹持刀具，实现刀具的转位、换刀，刀具的短距离调整及短距离斜向手动进给等运动。

4.1.1　学习目标

1. 知识目标

(1)了解键和销的类型、特点及应用；
(2)掌握刀架拆装步骤和注意事项。

2. 能力目标

(1)能够合理地选择和制定拆装工艺过程；
(2)能够正确地选择和使用拆装工具；
(3)能够正确地对小溜板和刀架进行拆装。

3. 情感目标

(1)主动获取信息，团结协作，培养安全文明生产的习惯；
(2)增长见识、激发兴趣；
(3)善于思考，理论联系实际，培养解决实际问题的思维能力。

4.1.2　任务描述

刀架是车床切削过程中主要的工作部件之一，零件加工过程中要经过刀架转位、换刀，为了使刀架转位、换刀时转动灵活、定位准确，要定期对刀架进行保养，调整。车床进给传动装置图如图 4.1.1 所示。

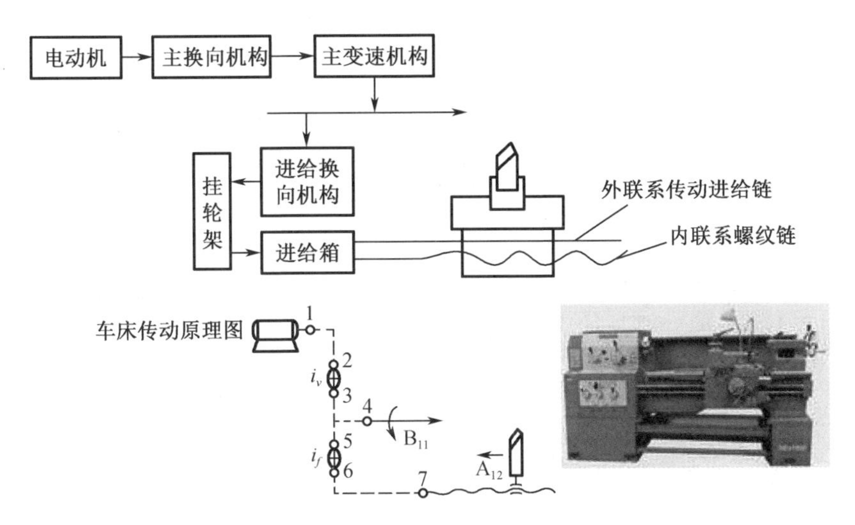

图4.1.1 车床进给传动装置图

4.1.3　任务明晰

刀架部件主要包括手柄、小溜板、方刀架等,方刀架的拆装主要是指小溜板以上零部件的拆装。根据方刀架上各零部件的装配关系,制定拆装工艺过程。拆卸时,采取由上而下、由内而外的顺序,依次逐步进行拆卸;装配过程与拆卸过程正好相反。

依据方刀架实物及方刀架结构整体图(图4.1.2)所示,制订方刀架的拆卸方案,并绘制方刀架拆卸流程图。

图4.1.2　方刀架结构整体图

方刀架拆卸方案：

方刀架拆卸流程图：

4.1.4 知识准备

方刀架是车床中用于夹持刀具，实现刀具的转位、换刀，刀具的短距离调整及短距离斜向手动进给运动的重要部件，如图 4.1.3 所示。

图 4.1.3 方刀架

刀架组成：方刀架、小溜板、转盘等。

刀架作用：安装车刀，并由溜板带动其做纵向、横向和斜向进给运动，刀架各部分介绍见表 4.1.1。

表 4.1.1　刀架各部分介绍

各部件名称	图片	功能
方刀架	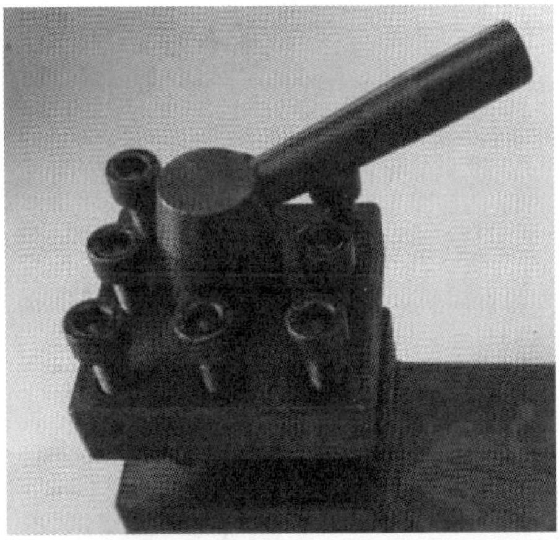	用于固定刀具,有些特殊产品也可以压在刀架上加工
小溜板		装在转盘上面的燕尾槽内,可做短距离的进给移动
转盘	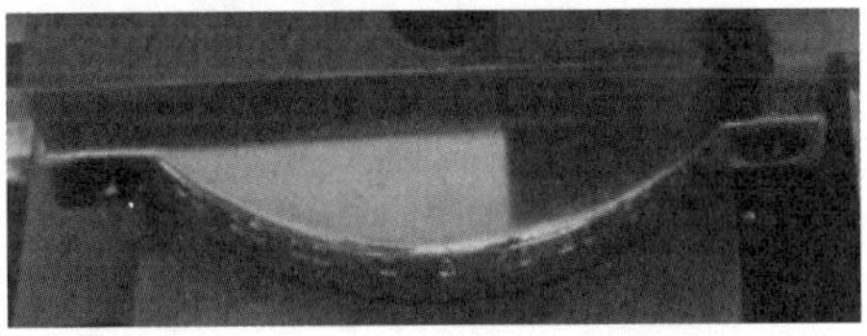	可通过转盘相对于下刀架的转动来调整锥角

从图 4.1.4 中选择拆装刀架所需要的工具:________________________________。

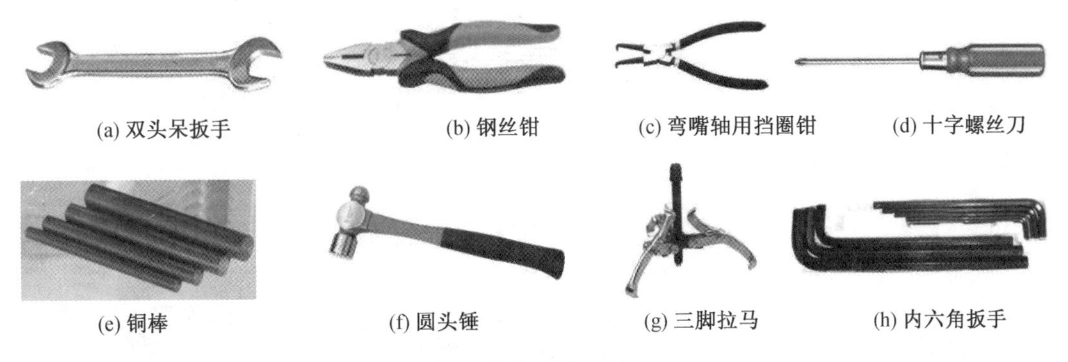

图 4.1.4　拆卸工具

3. 填写表 4.1.2,完成刀架拆装工具领用。

表 4.1.2　工具领用表

名称	规格	数量	备注
合计			

批准:__________　　领用人:__________　　日期:__________

4.1.5　任务准备

设备:CA6140 车床。
工具:拆装工具一套。

4.1.6　任务实施

1. 拆装的注意事项

(1)正确着装,穿好工作服、绝缘鞋,戴好护目镜;
(2)切断机床电源,悬挂好“正在维修”标识牌;
(3)合理规范地使用各种拆装工具;
(4)拆卸下来的零件有序、整齐、规范地放置在指定区域;
(5)装配时做好清洁、保养工作。

2. 刀架的拆卸

根据讨论的结果,确定拆卸顺序,刀架拆卸分解步骤见表 4.1.3。

表4.1.3　刀架拆卸分解步骤

步骤	示意图	工序	备注
拆卸方刀架	 	旋转手柄将手柄卸下	
		取下方刀架	
拆卸方刀架	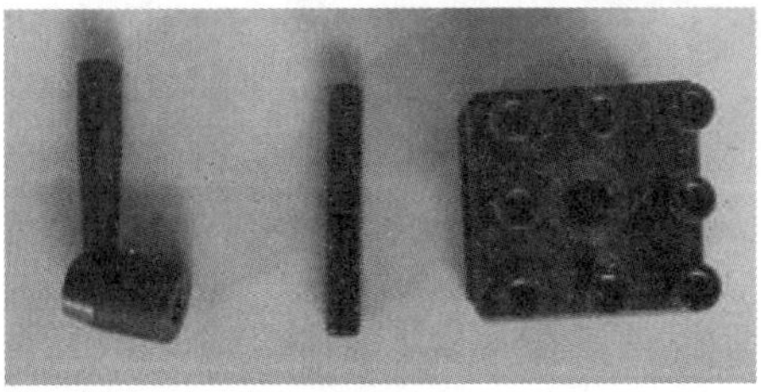	将拆下来的各零部件按拆装规范摆放整齐	

表4.1.3(续)

步骤	示意图	工序	备注
拆卸小溜板	 	旋转丝杠,卸下丝杠	
		旋转手柄,注意定位销,露出下端螺纹孔	

表4.1.3(续)

步骤	示意图	工序	备注
拆卸小溜板	 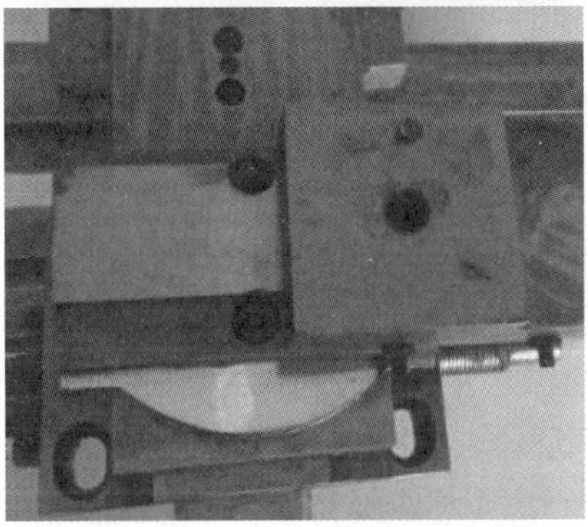	旋转手柄,注意定位销,露出下端螺纹孔	
	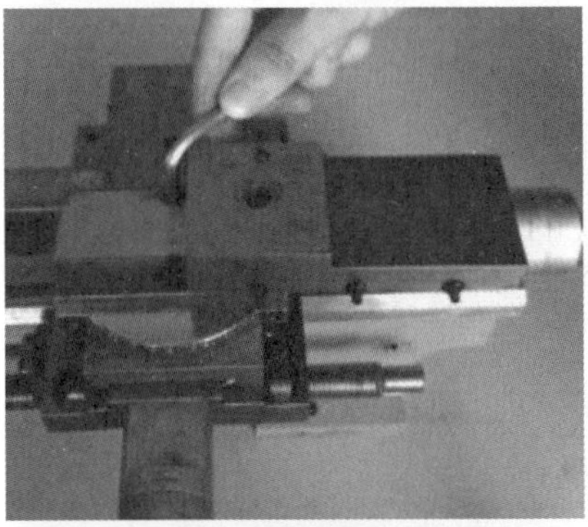 	用内六角扳手将螺钉拆下	

表 4.1.3(续)

步骤	示意图	工序	备注
拆卸小溜板	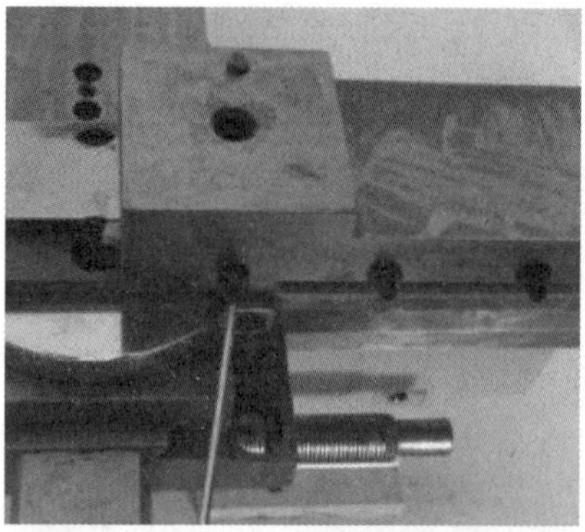  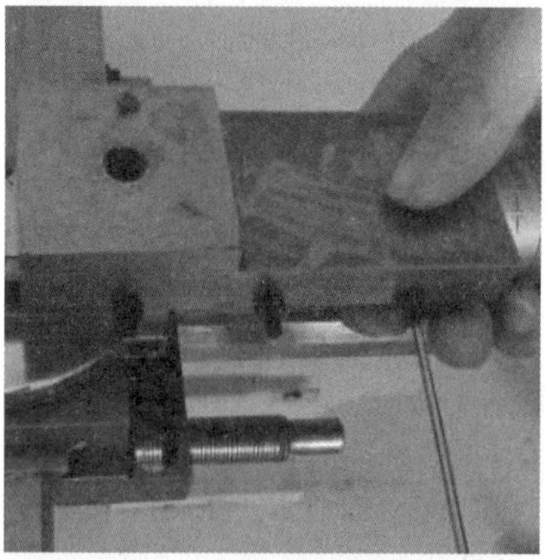	用内六角扳手将镶条的紧固螺钉调松	
	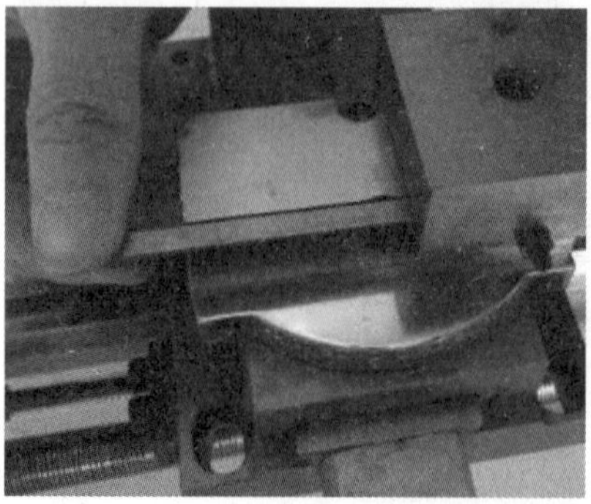	调松紧固螺钉后,可以直接用手取下镶条	

表4.1.3(续)

步骤	示意图	工序	备注
	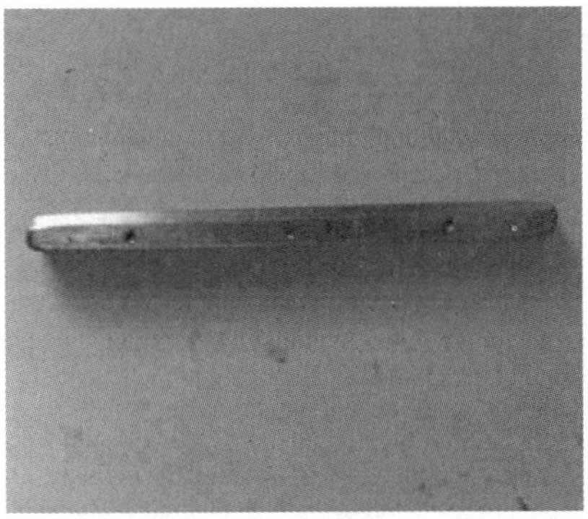	调松紧固螺钉后,可以直接用手取下镶条	
拆卸小溜板	 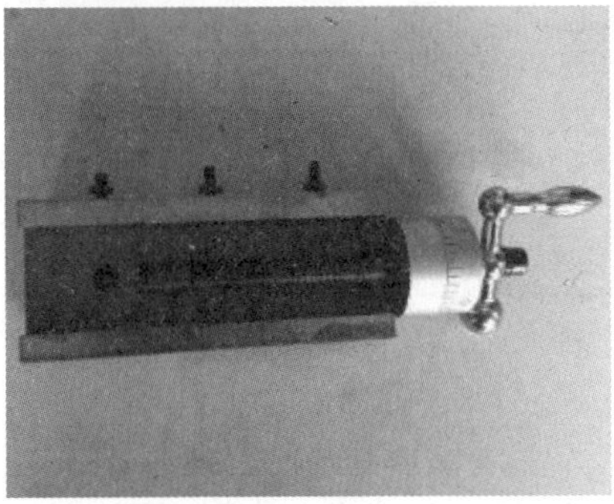	拆下小溜板	
	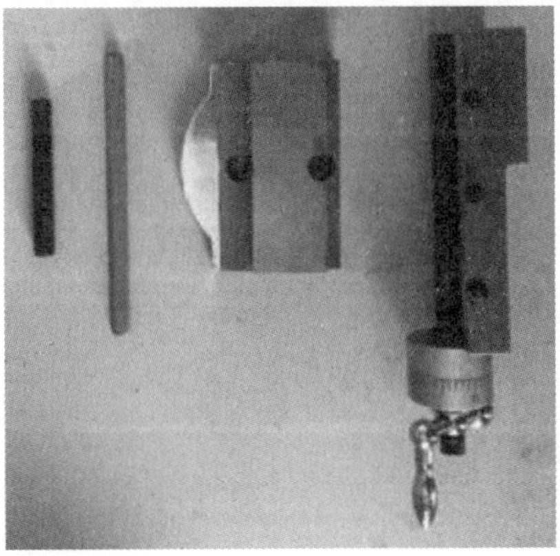	将拆下来的各零部件按拆装规范摆放整齐	

表 4.1.3(续)

步骤	示意图	工序	备注
拆卸转盘		用内六角扳手将螺钉拆下	
		拆下转盘	

3. 刀架的装配

装配前,往刀架螺杆内注入润滑油。刀架装配过程与拆卸过程顺序相反,按照上述步骤的倒序进行装配。

(1)观察刀架结构,结合相关知识,完成表 4.1.4。

表 4.1.4　刀架结构分析表

刀架转位机构类型	弹簧的类型	销的类型	键的类型	小溜板的传动类型

(2)思考弹簧和销在刀架中起什么作用。

4.1.7　任务评价

分组完成刀架的拆卸、清理和装配，刀架的拆装评分表见表4.1.5。

表4.1.5　刀架的拆装评分表

序号	技能要求	配分	实测结果	得分
1	拆装工具使用合理与规范	20		
2	拆装工艺正确	30		
3	拆卸时零件无损伤及装配时无遗漏	20		
4	能正确说明刀架结构名称	30		
5	违反安全文明生产规程(减10～40分)			

4.1.8　任务拓展

依据由本任务所学到的拆装技巧，快速完成平口钳(图4.1.5)的拆卸。

图4.1.5　平口钳

制订拆装工艺：

选用拆卸工具：

拆卸心得：

4.1.9 总结提升

列出在本任务中新认识的专业词汇、学到的知识点、学会使用的工具、掌握的技能。

1. 新的专业词汇：____

____

2. 新的知识点：____

____

3. 新的工具：____

____

4. 新的技能：____

____

4.1.10 补充知识

1. 内六角扳手

内六角扳手也叫艾伦扳手，如图 4.1.6 所示。常见的英文名为 Allen key（或 Allen wrench）和 Hex key（或 Hexwrench）。名称中的“wrench”表示“扭”的动作，它体现了内六角扳手和其他常见工具（比如一字螺丝刀和十字螺丝刀）之间最重要的差别，它通过扭矩施加对螺丝的作用力，大大降低了使用者的用力强度，是工业制造业中不可或缺的得力工具。

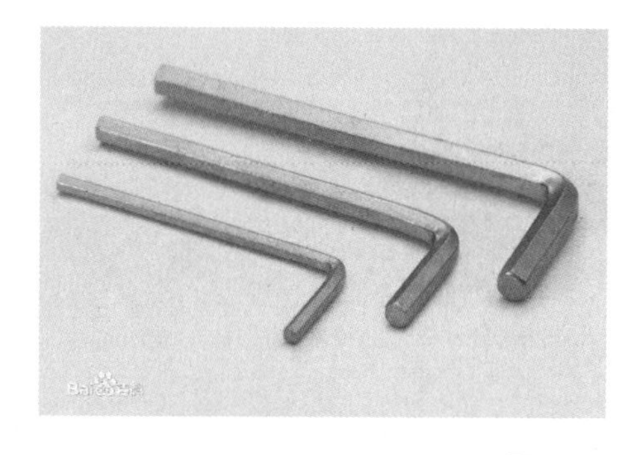

图 4.1.6　内六角扳手

内六角扳手能够流传至今，并成为工业制造业中不可或缺的得力工具，关键在于它本身所具有的独特之处和诸多优点。

（1）很简单而且轻巧；

（2）内六角螺丝与扳手之间有六个接触面，受力充分且不容易损坏；

（3）可以用来拧深孔中螺丝；

（4）扳手的直径和长度决定了它的扭转力；

（5）可以用来拧非常小的螺丝；

（6）容易制造，成本低廉；

（7）扳手的两端都可以使用。

内六角扳手使用时要按照内六角螺栓大小合适选用，使用时要将内六角扳手完全插入内六角螺栓且用力均匀，内六角扳手不允许加套管使用。

2. 工具领用制度

应规范各类工具的保管、领用、以旧换新、移交、报废程序，以避免工具超标领用及调任无交接等现象。

(1)操作工具首次领用，必须是在领用标准范围内；换领必须以旧换新，不准外流。

(2)工具丢失或最低使用限期内损坏，应规定实行丢失赔偿原则(或主管及负责人同意)再重新领用。要妥善保管好领用的工具。

(3)工具交接或离职退还，都应办理相应手续。

(4)工具借用必须经当事人同意才可以。

(5)旧品报废，应经仓库保管核实，负责人批准后，进行报废处理。

(6)公用的工具等有指定专人保管。

个人各类钳子一年半、扳手二年更换，螺丝刀等根据损坏程度更换。其他都由保管部确定。

3. 间歇机构

能够将原动件的连续运动转变为从动件的周期性间歇运动的机构称为间歇运动机构，常见的间歇运动机构如图4.1.7所示。间歇运动机构的种类很多，除棘轮机构外，还有槽轮机构、凸轮机构等。在机械中，特别是各种自动和半自动机械中，间歇运动机构有着广泛的应用，例如刀架转位机构、电影放映机构等。

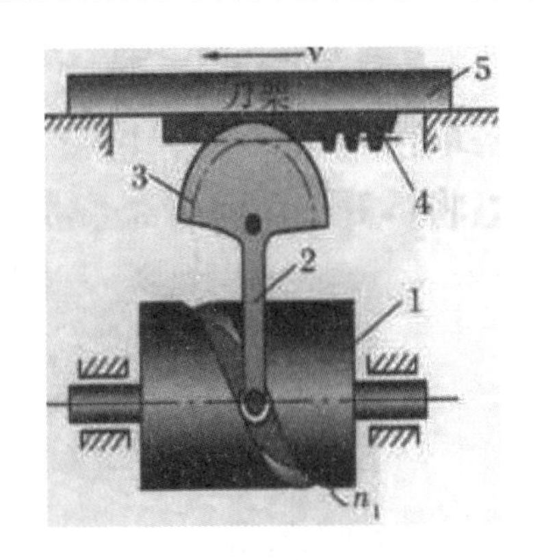

图4.1.6　常见的间歇运动机构

任务4.2　溜板箱的拆装

4.2.1　学习目标

1. 知识目标

(1)能够说出车床中溜板和溜板箱的结构及作用；

(2)能够明白在具体的机械拆卸过程中对应的原则和注意规范；

(3)能根据拆卸的机械各部件之间的联系,初步明白机械设备的内部关联。

2. 能力目标

(1)能够合理选择制订中溜板和溜板箱拆卸方案;
(2)能够正确选择和规范使用拆装用机械设备及工具;
(3)能够正确完成零部件拆卸后的正确放置、分类及清洗。

3. 情感目标

(1)主动获取信息,团结协作,培养安全文明生产的习惯;
(2)增长见识、激发兴趣;
(3)善于思考,理论联系实际,养成解决实际问题的思维;
(4)具备7S管理、吃苦耐劳、团队合作、务实严谨的职业素质。

4.2.2 任务描述

结合机械装配原则和注意规范,能在拆卸过程中顺利地将溜板箱各零部件完整地装配起来,熟练地掌握机械装配工具在装配过程中的使用技能。结合实际操作,再一次深入了解机械拆装工具的使用规范和使用场合,并结合典型单元——溜板箱的装配过程,对机械的装配和最终的检验调试,有直观的理解和初步的掌握。

4.2.3 任务明晰

1. 确定拆卸顺序

(1)依据溜板箱结构图(图4.2.1)及拆卸原则,制订出合适的拆卸顺序。

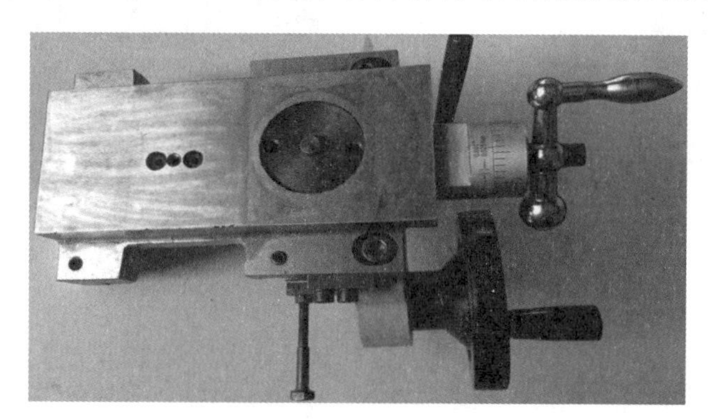

图4.2.1 溜板箱结构图

(2)依据溜板箱结构及前面所学拆卸原则,将合适的拆卸顺序的编号在下面空白处绘成流程图。

2. 确定所用拆装工具

(1)依据拆装原则和制订的拆装方案,为各拆装步骤选择最合适的拆装工具。

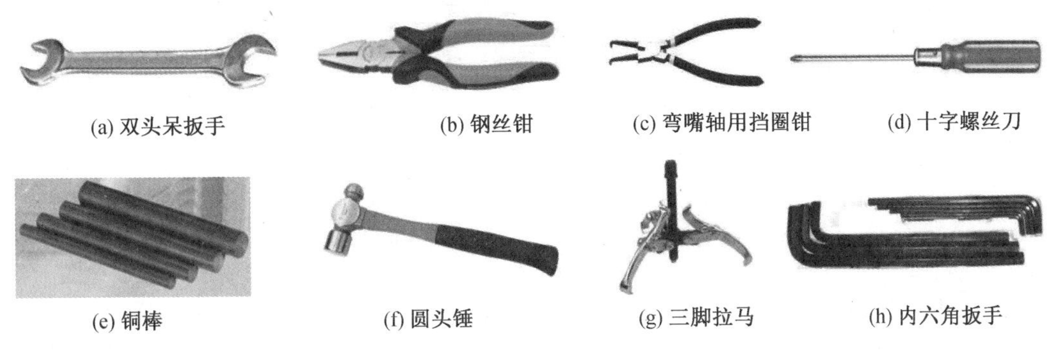

(a) 双头呆扳手　(b) 钢丝钳　(c) 弯嘴轴用挡圈钳　(d) 十字螺丝刀

(e) 铜棒　(f) 圆头锤　(g) 三脚拉马　(h) 内六角扳手

图4.2.2　拆装工具

选择拆装工具,完成表4.2.1。

表4.2.1　拆装工具的选择

拆装步骤	中溜板机构	大溜板机构	走刀箱机构	开合螺母机构
拆装工具				

(2)填写表4.2.2,完成溜板箱拆装工具领用。

表4.2.2　工具领用表

名称	规格	数量	备注

表 4.2.2(续)

名称	规格	数量	备注
合计			

批准：__________ 领用人：__________ 日期：__________

2.2.4 知识准备

溜板箱又称拖板箱，是车床的重要组成部分，与刀架相连，固定在刀架的底部，是车床进给运动的操纵箱。大溜板控制纵向车削，中溜板控制横向车削和被吃刀量，小溜板控制纵向车削较短工件或角度工件。

1. 拆卸部件分类认知

表 4.2.3 为溜板箱各部件分类表。

表 4.2.3 溜板箱各部件分类表

部件名称	作用	图片
中溜板	支撑刀架及配合丝杆螺母，实现刀架横向运动	
大溜板	连接中溜板与走刀箱，实现刀架的纵向进给	

表4.2.3(续)

部件名称	作用	图片
走刀箱	控制大溜板纵向进给，从而实现刀架纵向进给	
开合螺母	黏合丝杆，实现自动走刀，同时实现螺纹加工自动走刀	

2. 拆卸溜板箱注意事项

(1)看懂结构再动手拆，并按先外后里、先易后难、先下后上顺序拆卸。

(2)先拆紧固、连接、限位件(顶丝、销钉、卡圆、衬套等)。

(3)拆前看清组合件的方向、位置排列等，以免装配时搞错。

(4)拆下的零件要有秩序地摆放整齐，做到键归槽、钉插孔、滚珠丝杠盒内装。

(5)注意安全，拆卸时要注意防止箱体倾倒或掉下，拆下零件要往桌案里边放，以免掉下砸人。

(6)拆卸零件时，不准用铁锤猛砸，当拆不下或装不上时不要硬来，分析原因，搞清楚后再拆装。

(7)在扳动手柄观察传动时不要将手伸入传动件中，防止挤伤。

4.2.5　任务准备

设备：拆装用车床部件。

工具：见表4.2.2工具领用表。

4.2.6 任务实施

1. 拆装的注意事项

(1)正确着装,穿好工作服、绝缘鞋,戴好护目镜;
(2)切断机床电源,悬挂好“正在维修”标识牌;
(3)合理规范地使用各种拆装工具;
(4)拆卸下来的零件有序、整齐、规范地放置在指定区域;
(5)装配时做好清洁、保养工作。

2. 确定可行性方案

讨论方案的可行性,即哪一种方案最好。

3. 方案实施

根据讨论的结果,确定拆卸顺序,溜板箱拆卸步骤见表4.2.4。

表4.2.4 溜板箱拆卸步骤

步骤	示意图	工序	备注
拆卸中溜板	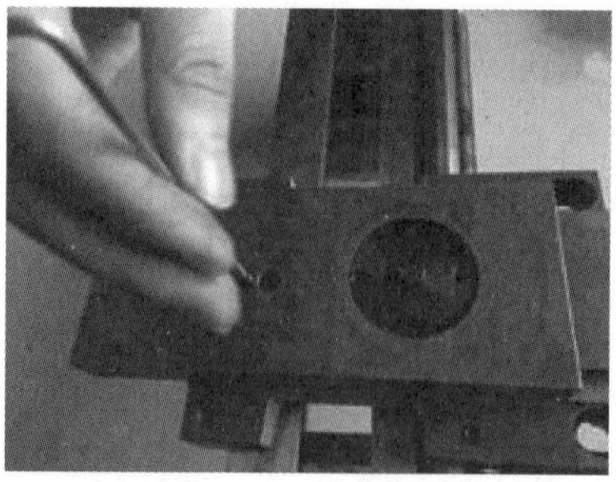	用内六角扳手先拧下定位螺钉,再一次拧下两个紧固螺钉	

表 4.2.4(续)

步骤	示意图	工序	备注
拆卸中溜板	 	用内六角扳手先拧下定位螺钉,再一次拧下两个紧固螺钉	
	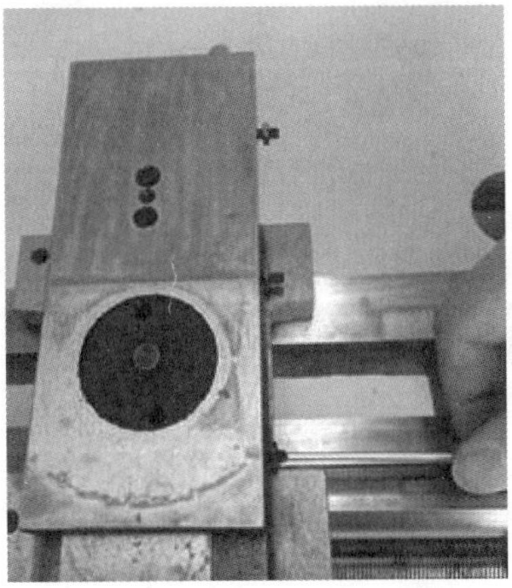	用内六角扳手依次拧松镶条的紧固螺钉,取出镶条	

表 4.2.4(续)

<table>
<tr><th>步骤</th><th>示意图</th><th>工序</th><th>备注</th></tr>
<tr><td rowspan="2">拆卸中溜板</td><td></td><td>用内六角扳手依次拧松镶条的紧固螺钉,取出镶条</td><td></td></tr>
<tr><td>
</td><td>摇动中溜板手柄,取下丝杆螺母</td><td></td></tr>
</table>

表 4.2.4(续)

步骤	示意图	工序	备注
拆卸中溜板		摇动中溜板手柄,取下丝杆螺母	
有序放置零部件		中溜板拆卸完毕,有序摆放	
拆卸手柄	 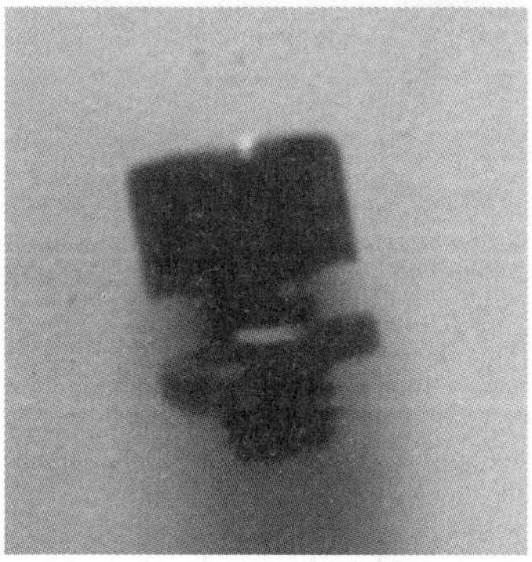	用内六角扳手拧下手柄的紧固螺钉,同时拆卸下弹簧垫圈	

表 4.2.4(续)

步骤	示意图	工序	备注
拆卸手柄	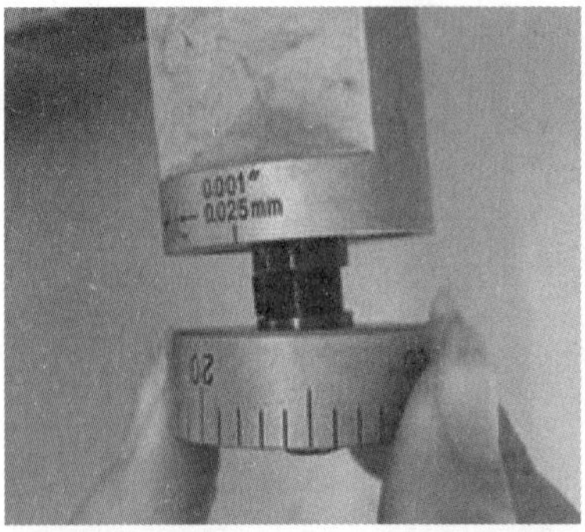 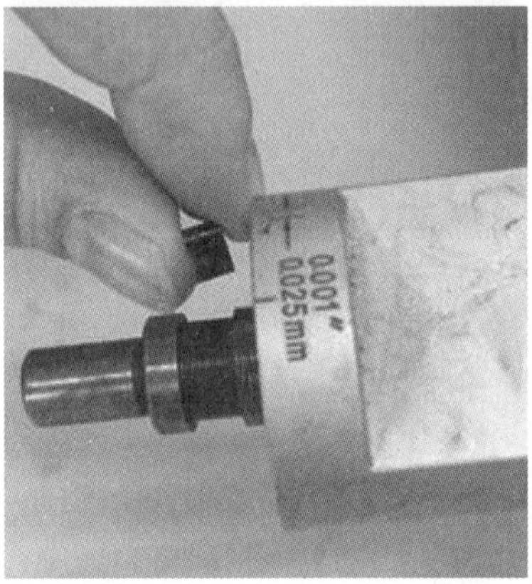	取下刻度环及半圆铁片	
	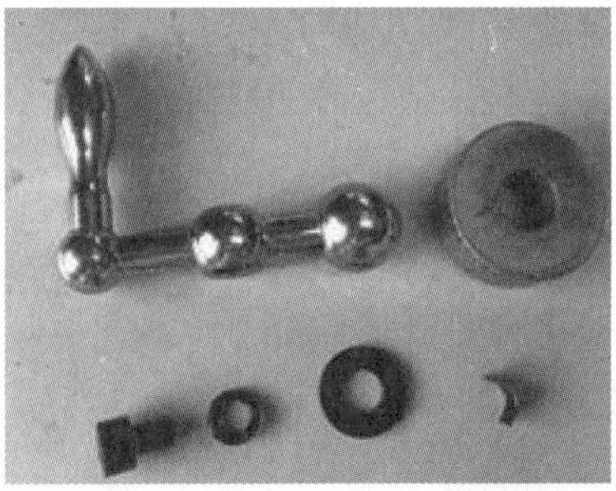	手柄拆卸完毕	
拆卸大溜板		用内六角扳手拧下螺钉	

表4.2.4(续)

步骤	示意图	工序	备注
拆卸大溜板	   	用内六角扳手依次拧下压板的三个螺钉，取下双面的压板。通过调节压板紧固螺钉的松紧可以调节大溜板移动的松紧度，如果过紧则不能顺畅地移动	

表 4.2.4(续)

步骤	示意图	工序	备注
拆卸走刀箱	 	用内六角扳手将丝杆右支架拆下	
	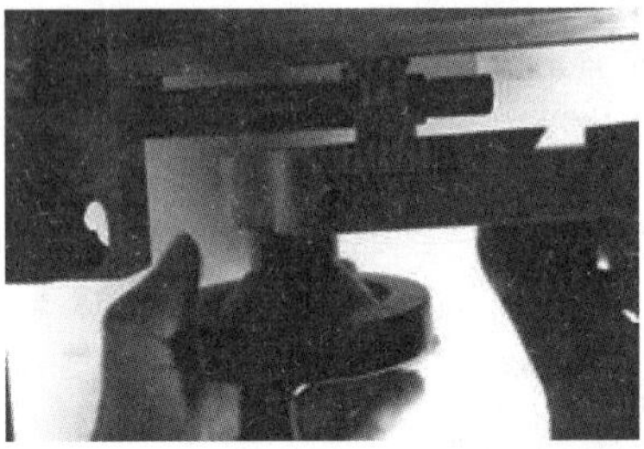	用内六角扳手将走刀箱与大溜板连接处拆开,并将走刀箱从丝杆上取下来	
		拆卸完成	

表4.2.4(续)

步骤	示意图	工序	备注
拆卸走刀箱		将拆下来的各零部件按拆装规范摆放整齐	
拆卸开合螺母	 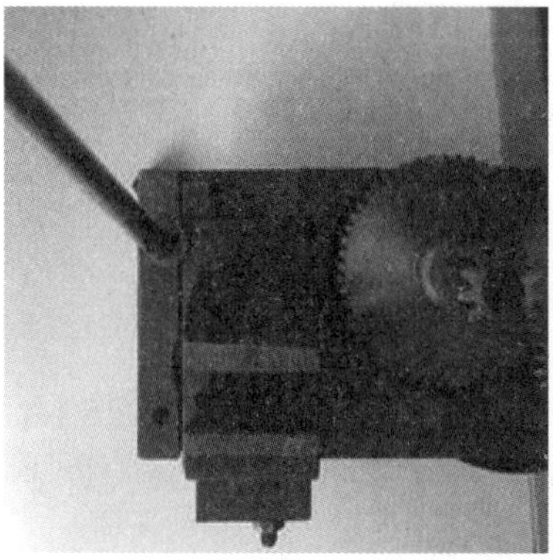	用十字螺丝刀拧松开合螺母里面的镶条的紧固螺钉	
		用一字螺丝刀将三个镶条的紧固螺钉调松	

表4.2.4(续)

步骤	示意图	工序	备注
		调松紧固螺钉后,可以直接用手取下镶条	为防止紧固螺钉丢失,只拧松即可拔出镶条
拆卸开合螺母	 	用铜棒轻敲开合螺母,使其松动后,即可取下	

表4.2.4(续)

步骤	示意图	工序	备注
拆卸开合螺母		在拆卸开合螺母时，会发现有时无法顺利将其取下，这时可以转动对面的手柄，再尝试将其取下	
		拆卸完成	
		将拆下来的各零部件，按拆装规范摆放整齐	

4. 零部件放置检验

结合拆卸零部件放置要求，检查零部件放置是否符合规范，在确保零部件拆卸全部完成后，将工具收入工具箱内，等待教师检验。

5. 溜板箱的装配

(1)装配前准备工作

检测与调整进给箱丝杠孔和丝杠托架丝杠孔的同轴度。

将检验桥形板置于床身导轨上，调整调节螺钉，用水平仪将工作面校对水平，以床身导轨为基准，推动桥形板使百分表在进给箱和丝杠托架校棒两向检验，分别记为 X 向和 Z 向。进给箱丝杠孔与丝杠托架丝杠孔中心同轴度不应超过0.02 mm。

如果只有 X 向超差，可以取出下进给箱和丝杠托架的销钉，进行找正、调整，再检测，检测结果在允差范围内后再上紧螺钉，经复校后，重新铰销孔，装上销钉定位。

如果 Z 向超差，则需取下进给箱和丝杠托架，在平板上分别检查进给箱和丝杠托架与床身的结合面对三孔中心连线的平行度，允差 0.03 mm/300 mm。如果超差可刮削进给箱和丝杠托架与床身的结合面进行调整，直到符合要求，然后再将其装配到床身上进行检测与调整。

(2)检测溜板箱

检查溜板箱三杠孔中心连线对结合面的垂直度，在标准平板上用3个千斤顶，顶住溜板箱平面 D，使90°角尺靠住结合面 A，调整千斤顶，观察90°角尺上、下光隙均匀后，用百分表检查三孔中心连线对平板的平行度，一般不超过 0.03 mm/300 mm，若超差，则刮研 A 面至达到要求。

检查溜板箱丝杠孔中心线对结合面的平行度，检查时，将结合面 D 放在平板上，在开合螺母壳体中卡紧校棒，用百分表在校棒两端分别测量，允差 0.03 mm/300 mm，若超差，则刮研 A 面至达到要求。

检查开合螺母燕尾槽 B、C 两面对溜板箱结合面 A 的垂直度，将结合面放在平板上，用90°角尺分别靠住 B、C 两面检查，光隙均匀即可。

(3)溜板箱装配

将溜板箱与溜板按原定位销孔装配紧固好，左右移动溜板箱，使床鞍横向进给传动齿轮副有合适的齿侧间隙，其最大齿侧间隙量应使横向进给手柄的空转量不超过 1/30 转为宜。

再测量溜板箱三杠孔误差，在开合螺母壳体中卡紧校棒，推动床身导轨上的检验桥形板，用百分表触头分别在进给箱与溜板箱丝杠孔校棒 X 向和 Z 向测量误差，测得水平位移量为 x，垂直下降量为 z，记下数据。如果 x 和 z 都不超过允差 0.1 mm，即为合格。如果超过允差，则需拆下溜板按以下步骤进行调整。

按选定的厚度制作镶板，材料选用铁或塑料板，厚度一般取 3 ~ 5 mm，以便于加工，油槽应在粘接前铣好，以免粘接后再錾油槽，影响粘接强度。

清洗干净镶板和溜板导轨面，采用环氧树脂或聚氨醋胶黏剂将镶板粘接到溜板上。在镶板粘接时应将直径为 0.15 ~ 0.2 mm 的清洁铜丝在导轨横断面上每隔 30 ~ 50 mm 放一根，起支撑作用，以防胶黏剂在未凝固时一受压就全部挤出。然后，在床身导轨上放一报纸，再将溜板翻转置于床身导轨上加适量重物，保持 48 ~ 72 h 后，取掉重物即可。

在装上丝杠后，在丝杠中部，合上开合螺母。丝杠振摆差应不超过 0.1 mm。安装丝杠、光杠溜板箱、进给箱、后支架的支撑孔同轴度校正后，就能装入丝杠、光杠。装配丝杠、光杠时，其左端必须与进给箱轴套端面紧贴，右端露出轴的倒角部分。当用手旋转光杠时，无论溜板箱在什么位置，都应转动灵活，手感轻重均匀，丝杠装入后应检验以下精度。

测量丝杠两轴承中心线和开合螺母中心线对床身导轨平行度。测量方法为用专用测量工具在丝杠两端和中间三处测量。测量时，为排除丝杠重力和挠度对测量结果的影响，溜板箱应在床身中部，开合螺母应是闭合状态，百分表在丝杠两端和中间三个位置处测量，三个位置中与导轨相对距离的最大差值，即为平行度误差。此项精度允差为在丝杠上素线和侧素线上测量不超过 0.15 mm。为消除丝杠弯曲误差对检验的影响，可旋转丝杠 180°再测量一次，取各位置两次读数代数和的一半。

丝杠的轴向窜动。测量方法为将钢球用润滑脂粘在丝杠后端的中心孔内，用平头百分表顶在钢球上。合上开合螺母，使丝杠转动，百分表的读数差即为丝杠轴向窜动误差，最大不应超过0.015 mm。

安装操纵杠前支架、操纵杠及操纵手柄，操纵杠对床身导轨的平行度是以溜板箱的操纵杠支撑孔为基准的，通过调整前后支架的高低位置和修刮前支架与床身的结合面来调整。后支架操纵杠中心位置的误差变化，可以通过增大后支架操纵杠支撑孔及操纵杠直径的间隙来补偿。

4.2.7　任务评价

分组完成溜板箱的拆装，表4.2.5为溜板箱拆装评分表。

表4.2.5　溜板箱拆装评分表

序号	技能要求	配分	实测结果	得分
1	拆装工具使用合理与规范	20		
2	溜板箱拆装工艺正确	30		
3	拆装时零件无损伤及装配时无遗漏	20		
4	能正确说明溜板箱的内部结构名称	30		
5	违反安全文明生产规程(减10~40分)			

4.2.8　总结提升

(1)在溜板箱拆卸这一环节中，共有几个部分用到了镶条？它们的作用是什么？你是如何拆卸的？

(2)列出在本任务中新认识的专业词汇、学到的知识点、学会使用的工具、掌握的技能。

1. 新的专业词汇：____

____

2. 新的知识点：____

____

3. 新的工具：____

____

4. 新的技能：____

____

4.2.9　补充知识

1. 滚珠丝杆螺母副的传动原理

本任务中在中溜板上应用了一个丝杆螺母，在普通工业机床上应用更广泛的是滚珠丝杠螺母副(简称滚珠丝杠副),两者作用一致,都是把回转运动与直线运动相互转换的装置。滚珠丝杠副的结构特点是具有螺旋槽的丝杠螺母间装有滚珠(作为中间传动元件),以减少摩擦。滚珠丝杠副的工作原理是:在丝杠和螺母上加工有弧形螺旋槽,当把它们套装在一起时可形成螺旋滚道,并且滚道内填满滚珠,当丝杠相对于螺母做旋转运动时,两者间发生轴向位移.而滚珠则可沿着滚道滚动减少摩擦阻力。滚珠在丝杠上滚过数圈后,通过回程引导装置(回珠器)逐个滚回到丝杠和螺母之间,构成一个闭合的回路管道,回珠器如图4.2.3所示。

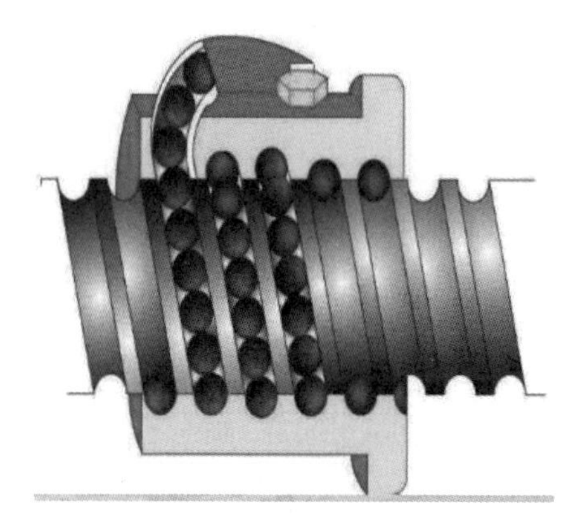

图4.2.3　回珠器

2. 弹簧垫圈的作用

垫圈是指垫在被连接件与螺母之间的零件。其一般为扁平形的金属环,用来保护被连接件的表面不受螺母擦伤,分散螺母对被连接件的压力。垫圈主要分为平垫圈、弹簧垫圈和防松垫圈,如图4.2.4所示。

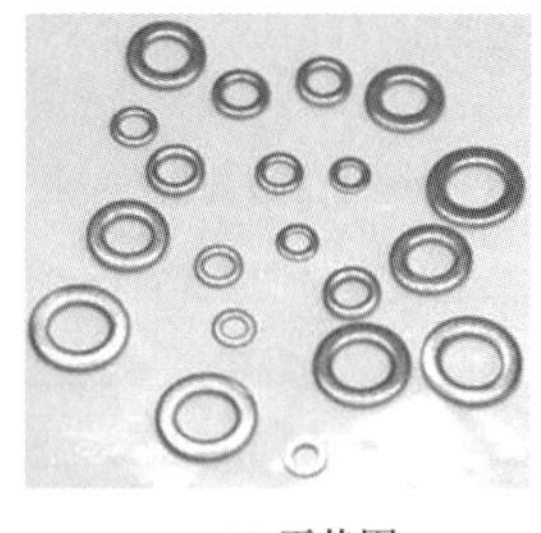

(a) 平垫圈

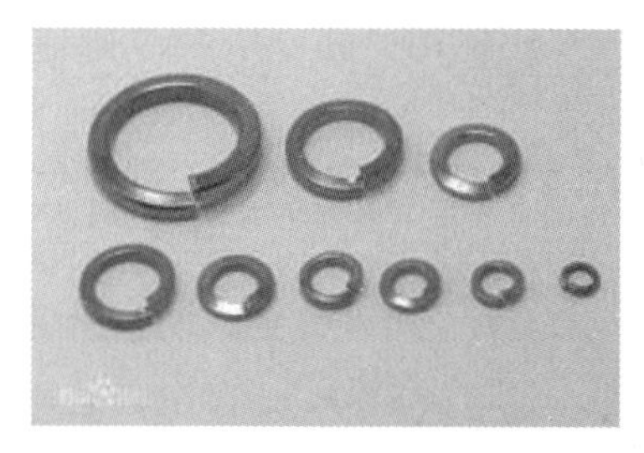

(b) 弹簧垫圈

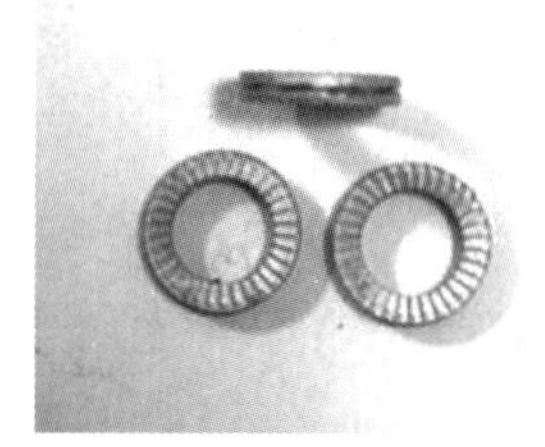

(c) 防松垫圈

图4.2.4　垫圈

手柄上使用的是弹簧垫圈,用来防止机床在振动时螺母松动。六角开槽螺母专供与螺杆末端带孔的螺栓配合使用,以便把开口销从螺母的槽中插入螺杆的孔中,防止螺母自动回松,主要用于具有振动载荷或交变载荷的场合。

在机械设计、制作中防止螺母(或螺栓)自动回松的方法有以下几种。

(1)加垫弹簧垫圈(简单易做);

(2)用六角开槽螺母加开口销(增加了加工工序);

(3)加垫止动垫圈(增加了加工工序);

(4)六角螺栓的六角头开孔插入钢线(增加了加工工序)。

3. 开合螺母的结构及用途

开合螺母又称“对合螺母”,主要由上下两个半螺母组成,装在机床溜板箱后壁的导轨中,底部各有一个小圆柱,与槽盘的滑槽相连接。扳动机床手柄,经轴带动槽盘顺时针或逆时针转动,使上下两个半螺母分离或闭合,从而使开合螺母和丝杠分离或啮合,从而起到相当于“离合器”的功能。

在工业机床上,开合螺母作用就是带动大溜板做直线往复运动,而产生纵向切削力,用来连接丝杠的传动到溜板箱。溜板箱有两套传动输入,即光杠和丝杠。一般的走刀用光杠传动,加工螺纹时用丝杠传动。而这两者是不能同时啮合的,否则会因传动比不一造成传动系统破坏。开合螺母的作用相当于一个离合器,用来决定溜板箱是否使用丝杠传动。

它的优点是结构简单,安全可靠,切削力强,脱离快速,便于更换维修。

项目 5　THMDZP－2 型机械装配综合实训平台认知

项目导入

THMDZP－2 型机械装配综合实训平台是紧密结合行业和企业需求,依据机械类、机电类中等职业学校相关专业教学标准而设计的机械装配综合实训平台。

THMDZP－2 型机械装配综合实训平台所涵盖的机械装配实训技能模块符合国家机械装配实训技能的职业标准,贴合企业实际岗位能力要求。能与《国家职业技能标准·机械设备安装工》《国家职业技能标准·组合机床操作工》《国家职业技能标准·机修钳工》教学实施标准相匹配。

THMDZP－2 型机械装配综合实训平台整体架构设计上以工业现场真实、典型工作案例为范本,经教学性知识和技能处理得出符合行业岗位需求的典型任务。实训课程开展过程中,以典型工作任务为导向,将知识和技能融合开展项目式教学,通过典型工作任务工艺过程提高学生综合职业能力。

任务 5.1　THMDZP－2 型机械装配综合实训平台认知

5.1.1　学习目标

1. 知识目标

(1)掌握 THMDZP－2 型机械装配综合实训平台的组成;
(2)了解 THMDZP－2 型机械装配综合实训平台的结构及功用;
(3)了解 THMDZP－2 型机械装配综合实训平台传动装置的工作状态。

2. 能力目标

(1)会识别 THMDZP－2 型机械装配综合实训平台铭牌含义;
(2)能简述 THMDZP－2 型机械装配综合实训平台各部件名称及其用途。

3. 情感目标

(1)主动获取信息,团结协作,培养安全文明生产的习惯;

(2)增长见识、激发兴趣。

5.1.2　任务描述

THMDZP－2型机械装配综合实训平台是机械装配综合实训的教学与比赛实训设备。进行对该平台的基本认知，明确其特点和基本功能。

5.1.3　任务准备

设备：THMDZP－2型机械装配综合实训平台。

5.1.4　知识准备

1. THMDZP－2型机械装配综合实训平台功能特点

(1)依据相关国家职业标准、行业职业标准及岗位的技能要求，结合机械装配技术领域的特点，能让学生在较为真实的环境中进行训练，以锻炼学生的职业能力，提高职业素养。

(2)以实际工作任务为载体，根据机械设备的装配过程及加工过程中的特点划分工作实施过程，分部件装配及调整、整机装配及调整、试加工等职业实践活动，着重培养学生机械装配所需的综合能力。

2. THMDZP－2型机械装配综合实训平台技术性能

观察THMDZP－2型机械装配综合实训平台，可以获取以下技术性能信息。

(1)输入电源：三相四线(或三相五线)AC 380 V ±10%，50 Hz。

(2)工作环境：温度 －10 ℃～＋40 ℃，相对湿度≤85%(25 ℃)，海拔<4 000 m。

(3)三相异步电机：电压AC 380 V，功率60 W。

(4)交流调速减速电机1台：额定功率90 W，减速比1∶25，转速可调。

(5)交流减速电机1台：额定功率40 W，减速比1∶3。

(6)外形尺寸：1 500 mm×700 mm×1 175 mm(实训台)、900 mm×700 mm×1 500 mm(操作台)。

(7)安全保护：具有电流型漏电保护，安全符合国家标准。

3. THMDZP－2型机械装配综合实训平台功能简介

THMDZP－2型机械装配综合实训平台，可实现纯机械式自动加工功能，通过变速动力箱给设备THMDZP－2型机械装配综合实训平台提供两路传动动力，其俯视图如图5.1.1所示。

一路动力通过电磁离合器的开合控制精密分度盘的四分度，在精密分度盘的工作台上安装四个偏心轮夹紧夹具，在精密分度盘分度过程中工件自动送料，由偏心轮夹紧夹具的方式使工件夹紧，加工完的工件通过凸轮旋柄挡杆使偏心轮夹紧夹具松开，使工件落到料盘里。

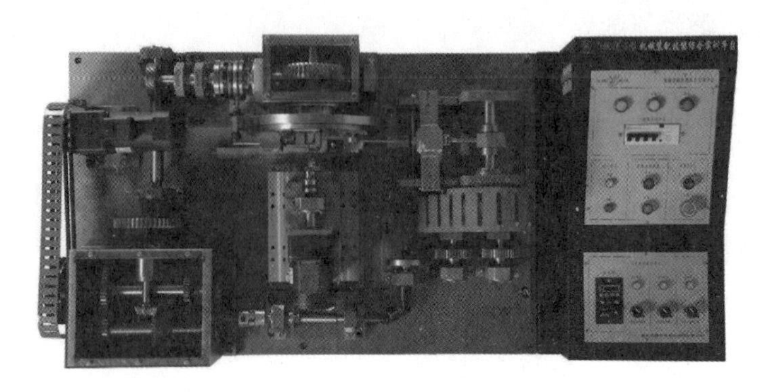

图 5.1.1 THMDZP－2 型机械装配综合实训平台俯视图

另一路通过弹性联轴器连接锥齿轮轴，锥齿轮分配器又分两路传动，一路由锥齿轮、圆柱凸轮带动自动钻床实现进给、退刀功能；圆柱凸轮轴上安装有可调的盘形凸轮、限位开关装置，可控制电磁离合器的工作状态，使精密分度盘与自动钻床、自动打标机配合动作；另一路由双万向联轴器、齿轮齿条连杆机构控制自动打标机的圆锥滚子离合器，自动打标机由三相异步电机带动曲轴实现钢印敲打功能。

4. THMDZP－2 型机械装配综合实训平台组成及使用功能描述

THMDZP－2 型机械装配综合实训平台集合了典型的机械装配实训项目，由机械本体部分、电气控制部分和其他辅助部分组成。

（1）机械本体部分

机械本体部分由变速动力箱、精密分度盘、工件夹紧装置、自动钻床进给机构、自动打标机、联轴器、凸轮控制式电磁离合器、齿轮齿条连杆机构组成。各部分构成了整个机械装配综合实训平台的硬件系统，用于机械装配实训项目的实操训练。

各部分功能描述如下。

变速动力箱：动力源提供动力，实现速度变速后，使动力有两路输出功能。主要由四根轴组成的箱体结构，一根输入轴、一根传动轴和两根输出轴，两根输出轴成 90°夹角，可完成一轴输入两轴变速输出功能。可完成变速动力箱的装配工艺及精度检测实训。

精密分度盘：主要由蜗轮蜗杆、箱体、圆锥轴承、卸荷式装置、工作台面等组成，采用工业用万能分度盘的结构，通过与电磁离合器的配合可实现对工作台进行四分度。可完成精密分度盘的装配工艺及精度检测实训。

工件夹紧装置：由四个偏心轮夹紧夹具组成，四个夹紧装置成 90°分布安装在精密分度盘的工作台面上，可实现工件的夹紧定位。可完成工件夹紧装置的装配工艺及精度检测实训。

自动钻床进给机构：可带动自动钻床实现进给、退刀等功能。主要由自动钻床动力电机、圆柱凸轮机构、燕尾槽滑动板、调节丝杆机构、轴承座、直线导轨副、锥齿轮机构等组成。可完成圆柱凸轮机构、燕尾槽滑动机构、直线导轨副等的装配工艺及精度检测实训。

自动打标机：主要由曲轴、轴瓦、圆锥滚子离合器、导向装置、打击头、夹手、箱体、动力电机、轴承等组成，可对工件进行自动打标，打标头可以自由更换。可完成自动打标机的装配工艺及精度检测实训。

联轴器：主要由弹性连接联轴器、硬连接联轴器、十字万向联轴器等组成。可完成联轴器的装配工艺及精度检测实训。

凸轮控制式电磁离合器模块：主要由电磁离合器总成、电磁离合器连接法兰、盘形凸轮、限位开关、传动轴、轴承座、轴承、斜齿轮传动机构等组成。可完成凸轮控制式电磁离合器的装配工艺、精度调整、检测以及盘形凸轮与电磁离合器的动作配合等实训。

齿轮齿条连杆机构：由曲柄、连杆、齿轮、齿条、轴承座、轴承、轴等组成。可通过调整齿轮齿条连杆机构的配合来控制自动打标机圆锥滚子离合器的开合。可完成齿轮齿条连杆机构的装配工艺及精度检测实训。

(2)电气控制部分

THMDZP－2 型机械装配综合实训平台电气控制部分由总电源控制单元、动力系统控制单元和动力系统接口单元组成。各部分构成了整个机械装配综合实训平台的电气控制系统，用于机械装配实训项目的电气控制。

各部分功能描述如下。

①总电源控制单元

总电源控制单元主要由三相漏电保护器、三相电源指示灯（U 相、V 相、W 相）、相序指示灯、系统电源控制按钮（停止与启动按钮）、电源总开关（钥匙开关）、急停按钮等组成，总电源控制单元操作面板如图 5.1.2 所示。

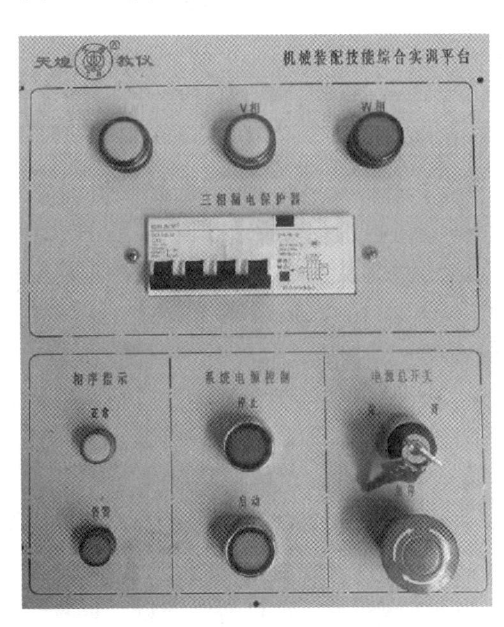

图 5.1.2　总电源控制单元操作面板

打开电源总开关（即钥匙开关右旋）后，系统电源控制按钮才可以工作。

打开电源总开关后，停止按钮红灯亮。按下启动按钮，启动按钮绿灯亮，停止按钮红灯灭，动力系统的主电源打开。此时再按下停止按钮，停止按钮红灯亮，启动按钮绿灯灭，动力系统的主电源关闭。

在电源总开关打开的情况下，按下急停按钮，系统电源瞬间切断输出，停止与启动按钮灯熄灭。

②动力系统控制单元

THMDZP－2 型机械装配综合实训平台动力系统控制单元包括系统动力源控制、动力头控制、自动打标机控制和变频调速控制三部分，动力系统控制单元操作面板如图 5.1.3 所示。

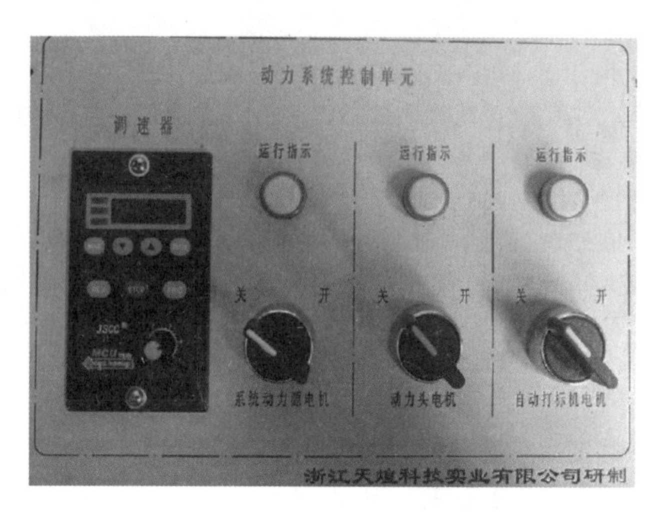

图 5.1.3　动力系统控制单元操作面板

系统动力源控制用于控制整个 THMDZP－2 型机械装配综合实训平台的动力系统，按下总电源控制单元中系统电源控制按钮中的启动按钮，打开动力系统主电源。

系统动力源电机控制功能描述如下。

将系统动力源电机旋钮右旋至开的状态，对应的绿色指示灯亮，表示该部分开始工作。需特别注意的是：开启之前要确保调速器旋钮在零位（即逆时针旋转到底）。系统动力源电机开关打开后，顺时针调节调速器旋钮，可控制系统动力源电机的旋转。

调速器的用法：调速器 STOP 按钮亮，按下 FWD 电机正转，按下 REV 电机反转，▲键增大电机转速，▼键减小电机转速。需特别注意的是：建议电机旋转方向为正转，正转时齿轮运动方向较为安全。

动力头电机控制功能描述如下。

将动力头电机旋钮右旋至开的状态，对应的绿色指示灯亮，表示该部分开始工作。需特别注意的是：开启之前要确保自动钻床进给机构处于安全状态，动力头电机开关打开后，动力头电机开始旋转，自动钻床进给机构开始工作。

自动打标机电机控制功能描述如下。将自动打标机电机旋钮右旋至开的状态，对应的绿色指示灯亮，表示该部分开始工作。需特别注意的是：开启之前要确保自动打标机处于安全状态。自动打标机电机开关打开后，自动打标机电机开始旋转，自动打标机开始工作。

③动力系统接口单元

THMDZP－2 型机械装配综合实训平台电气控制部分动力系统接口单元操作面板主要由四个开尔文插座组成，如图 5.1.4 所示。

五芯、七芯、三芯和四芯开尔文插座分别用于连接系统动力源电机、动力头电机、自动打标机电机（含急停按钮）、电磁离合器（含限位开关）。

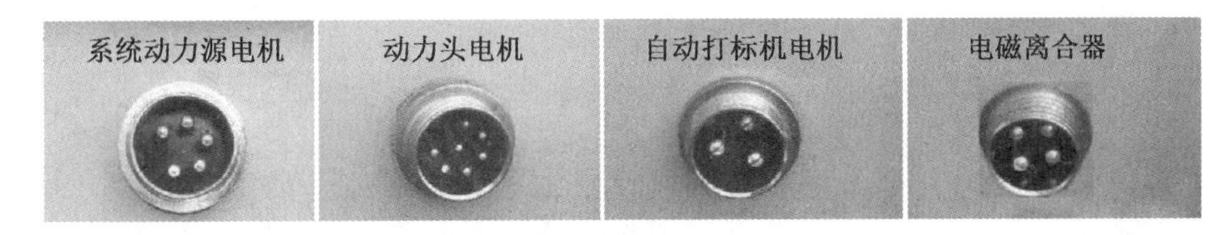

图5.1.4 动力系统接口单元操作面板

急停按钮开关功能同总电源控制单元中的急停按钮。在电源总开关打开的情况下，按下急停按钮开关，系统电源瞬间切断输出，停止与启动按钮灯熄灭，急停按钮开关如图5.1.5所示。

图5.1.5 急停按钮开关

(3)其他辅助部分

其由实训及储物台面和装配及检测工具、量具构成。

实训及储物台面：采用铁质双层亚光密纹喷塑结构，40 mm厚铸件平板台面，桌子下方设有储存柜，柜子上方设有两个抽屉，可放置零部件及工、量具等。

装配及检测工具、量具：配置常用的装配工具和检测工具，通过工量具的应用，训练工量具操作规范。

5.1.5 任务实施

(1)观察THMDZP－2型机械装配综合实训平台铭牌，获取如下信息。

①输入电源：____________________

②工作环境：____________________

③三相异步电机：____________________

④交流调速减速电机参数：____________________

⑤交流减速电机参数：____________________

⑥外形尺寸：____________________

(2)自主查阅资料，分组观察THMDZP－2型机械装配综合实训平台，认知THMDZP－2型机械装配综合实训平台组成及功能，并完成下面内容。

基本组成：

使用功能描述：

(3)梳理出 THMDZP－2 型机械装配综合实训平台基本传动路线并绘制于下方空白区域。

5.1.6 任务评价

根据各同学的完成情况，进行工件夹紧装置的认识实训评价。教师评价时可以采用提问方式逐项评价，可以事先发给学生思考题。表 5.1.1 为认识夹紧装置的工作任务评分表。

表 5.1.1 认识工件夹紧装置的工作任务评分表

姓名		小组编号	
设备名称		实训时间	
列举看到的零件、套件、组件和部件的名称			
简述工件夹紧装置的装配与调整的工艺过程			
简述工件夹紧装置的工作任务			

表 5.1.1(续)

工件夹紧装置压紧及自动卸载的原理	
小组评价(对以上参观后描述的范围、准确性评价)	自我评价： 小组评价：
教师评价	

5.1.7　任务拓展

分组认真观察 THMDZP－2 型机械装配综合实训平台，识别各部分名称并简述其基本功能。

5.1.8 总结提升

列出在本任务中新认识的专业词汇、学到的知识点、学会使用的工具、掌握的技能。

1. 新的专业词汇：____

____

2. 新的知识点：____

____

3. 新的工具：____

____

4. 新的技能：____

____

项目6　机械装配技能训练

项目导入

机械装配技能装调训练 THMDZP－2 型机械装配综合实训平台核心功能之一，本项目围绕变速动力箱的装配与调整、凸轮控制式电磁离合器的装配与调整、精密分度盘的装配与调整、工件夹紧装置的装配与调整、自动钻床进给机构的装配与调整、自动打标机与齿轮齿条连杆机构的装配与调整六个典型工作任务完成机械装配技能训练。此外，本项目还包括机械设备的调试、运行及试加工任务。

任务6.1　变速动力箱的装配与调整

6.1.1　学习目标

1. 知识目标

(1)能简述变速动力箱变速的工作原理；
(2)能够读懂变速动力箱的部件装配图，知悉图纸技术要求；
(3)明晰变速动力箱各个零件之间的装配关系。

2. 技能目标

(1)会正确进行直齿轮、锥齿轮的装配；
(2)能借助合适的工具完成齿轮间隙的调整。

3. 素养目标

(1)能正确判断、分析、归纳常见故障，并能够进行合理调整；
(2)养成遵守安全文明生产规程的好习惯。

6.1.2　任务描述

随着现代制造技术的不断发展，机械传动复杂性在不断地加大，传动效率在不断提高，使传统的传动机构发生了重大变化。变速动力箱实现了动力源多个方向力的传递且速度多变,符合对多对动力传递速度有较高要求的场合,广泛地应用在汽车、车床、矿山机械等产业上。

本任务以如何选用合理的工具对变速动力箱进行工艺合理的装配与调整为载体进行训练。

6.1.3 任务明晰

(1)观察 THMDZP-2 型机械装配综合实训平台,绘制机械装配综合实训平台变速动力箱传动路线图。

(2)梳理 THMDZP-2 型机械装配综合实训平台变速动力箱的装配要点。

6.1.4 知识准备

1. 初识变速动力箱

变速动力箱是 THMDZP-2 型机械装配综合实训平台中的动力源部分,主要功能是为整台设备提供动力,其实物图如图 6.1.1 所示。

THMDZP-2 型机械装配综合实训平台的变速动力箱为动力源,由主动电机通过带轮向变速动力箱提供输入动力,通过变速动力箱的操作使动力有两路输出功能。

变速动力箱主要由齿轮、传动轴、卸荷装置、带轮等组成。四根轴组成箱体结构,一根输入轴、一根传动轴和两根输出轴,两根输出轴成 90°夹角,可完成一轴输入两轴变速输出功能。

2. 变速动力箱的工作原理

THMDZP-2 型机械装配综合实训平台的变速动力箱结构图如图 6.1.2 所示。

变速动力箱传动路线如下。

由带轮输入动力,经卸荷装置、第一传动轴驱动第二传动轴,第二传动轴通过直齿轮、锥齿轮等传递,实现了两个方向动力的传动,一路驱动第三传动轴,另一路驱动第四传动轴。第三传动轴与第四传动轴成 90°夹角,可完成一轴输入两轴变速输出功能。

图6.1.1　变速动力箱实物图

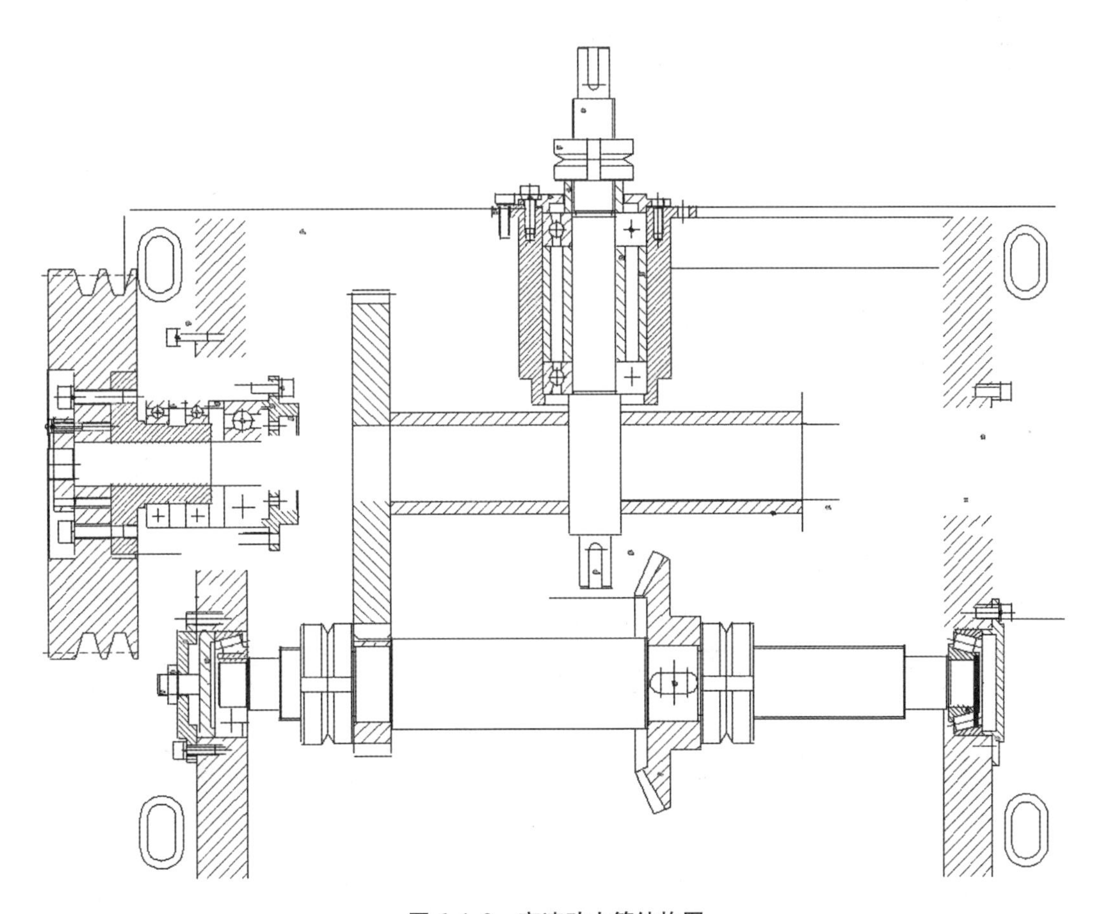

图6.1.2　变速动力箱结构图

3. 变速动力箱的结构组成和特点

THMDZP－2 型机械装配综合实训平台的变速动力箱由传动系统、能源系统、支承部件三部分组成。

传动系统：由齿轮、传动轴等组成，其作用是传递动力源的运动和能量，并起变速、改变方向的作用。

能源系统：由电动机等组成，电动机将电能转换成可旋转的动力。

支承部件：主要为变速箱体、轴承、轴承套，支撑传动轴、齿轮的工作位置，保证精密分度盘要求的精度、强度和刚度。

4. 变速动力箱装配与调试要点

THMDZP－2 型机械装配综合实训平台的变速动力箱的装配与调试主要有以下几个要点。

（1）装配前的准备

装配前的准备工作内容较多：读懂变速动力箱的装配图，理解变速动力箱的装配技术要求；了解零件之间的配合关系；检查零件的精度，特别是对配合要求较高部位零件是否达到加工要求；按装配要求配齐所有零件，根据装配要求选用装配时所必需的工具。

（2）装配工艺顺序

按先装配齿轮、后装传动轴，先装配内部件、后装配外部件，先装配难装配件、后装配易装配件的原则，进行变速动力箱装配。

（3）装配后试车

手动转动装配后的变速动力箱，检查转动是否灵活，有无卡阻现象。

6.1.5 任务准备

设备：THMDZP－2 型机械装配综合实训平台。

工具：各型号扳手一套。

6.1.6 任务实施

变速动力箱整体安装与调试后，进入齿轮、传动轴安装调整的任务，可以让学生分组进行，具有条件的可以 2 人一组进行考核，可以根据学生的装配熟练程度设定考核时间，考核前先将变速动力箱部分部件完全分离，并检查所有零件是否完好，如有缺损，事先补齐，考核计时。

1. 任务实施前准备

（1）检查技术文件、图纸和零件的完备情况；

（2）根据装配图纸和技术要求，确定装配任务和装配工艺；

（3）根据装配任务和装配工艺，选择合适的工具、量具，工具、量具摆放整齐，装配前量具应校正；

(4)对装配的零部件进行清理、清洗,去掉零部件上的毛刺、铁锈、切屑、油污等。

2. 任务实施内容

THMDZP-2型机械装配综合实训平台变速动力箱装配的操作步骤如下。

(1)将变速动力箱体用相应螺丝固定在其底板上面,如图6.1.3所示。

图6.1.3 变速动力箱底板

(2)将相应齿轮固定在第一传动轴上面,如图6.1.4所示。

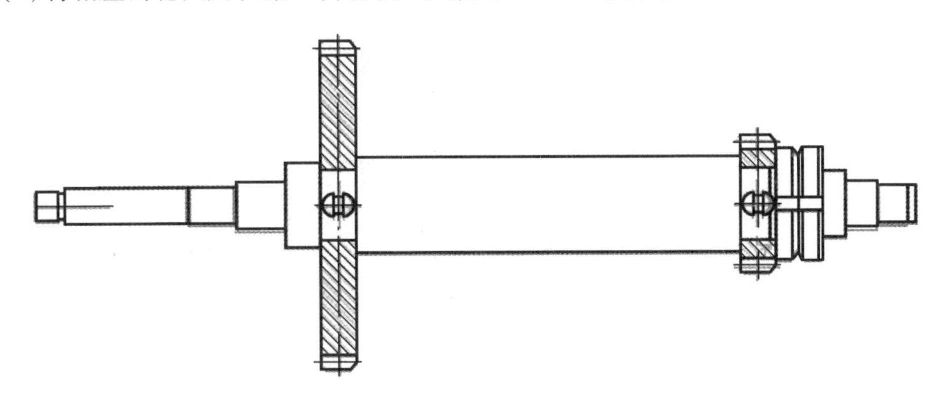

图6.1.4 第一传动轴

(3)将第一传动轴、卸荷装置安装在变速动力箱箱体上,如图6.1.5所示。

(4)将相应齿轮安装在第二传动轴上,如图6.1.6所示。

(5)将第二传动轴安装在变速动力箱箱体上,如图6.1.7所示。

(6)将相应齿轮安装在第三传动轴上,如图6.1.8所示。

(7)将第三传动轴安装在变速动力箱箱体上,如图6.1.9所示。

(8)将相应齿轮、轴承、端盖等安装在第四传动轴上,如图6.1.10所示。

(9)将第四传动轴安装变速动力箱箱体上,如图6.1.11所示。

(10)变速动力箱整体调试,使其运转自如,无卡阻现象,如图6.1.12所示。

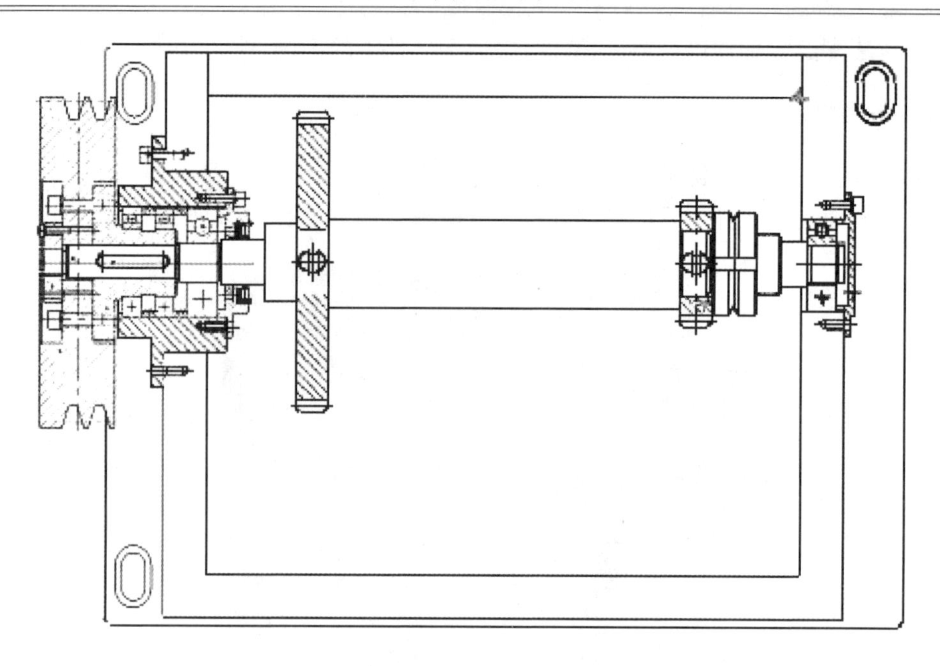

图 6.1.5　第一传动轴、卸荷装置安装在变速动力箱箱体上

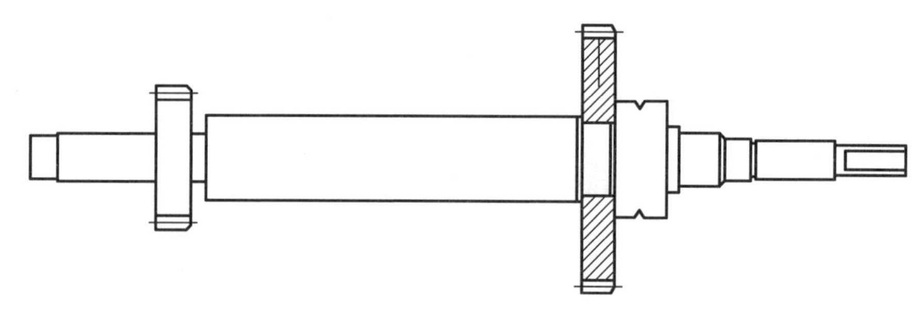

图 6.1.6　相应齿轮安装在第二传动轴上

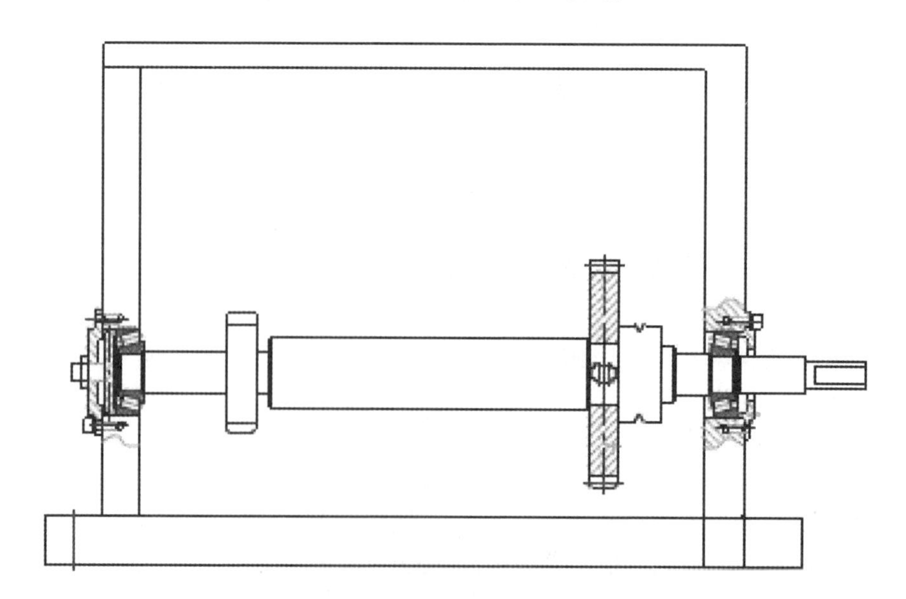

图 6.1.7　第二传动轴安装在变速动力箱箱体上

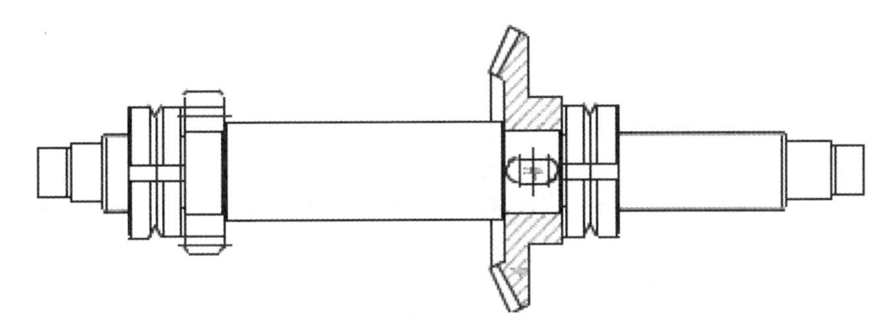

图 6.1.8　相应齿轮安装在第三传动轴上

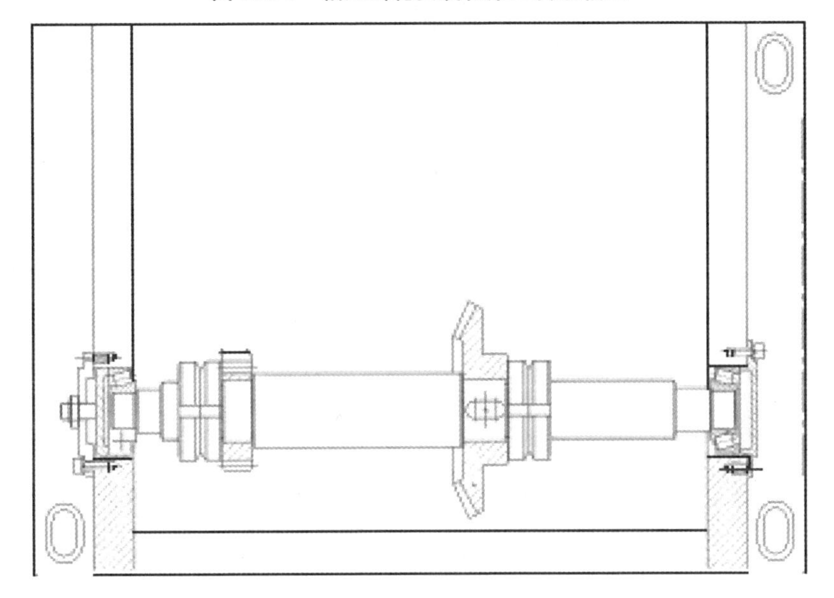

图 6.1.9　第三传动轴安装在变速动力箱箱体上

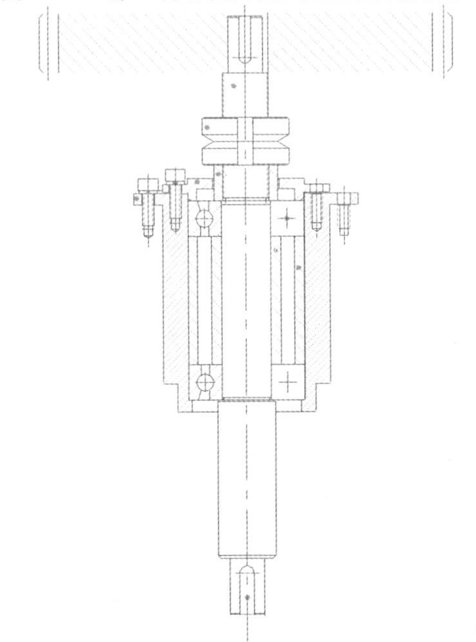

图 6.1.10　第四传动轴上部件的安装

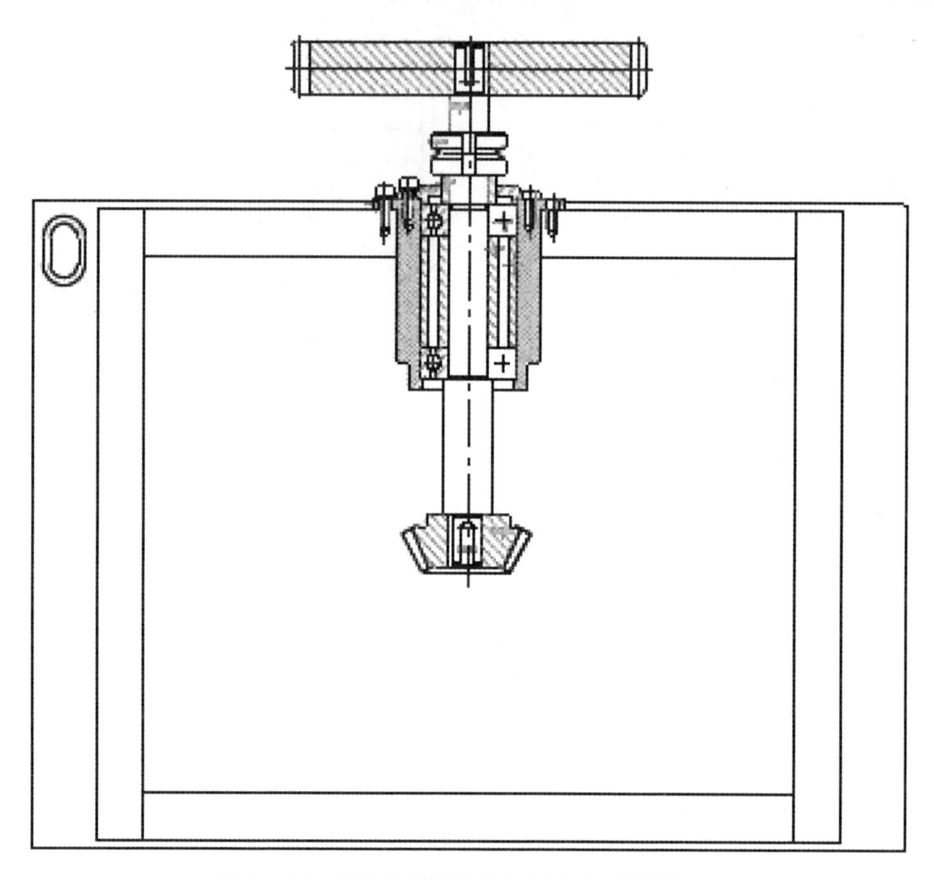

图 6.1.11　第四传动轴安装在变速动力箱箱体上

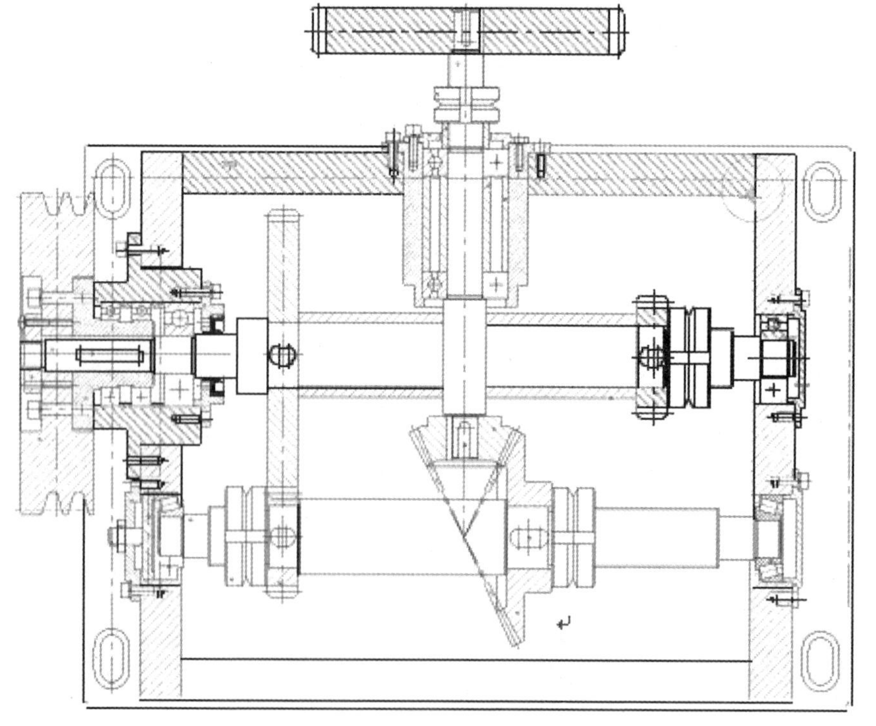

图 6.1.12　变速动力箱整体调试

3. 变速动力箱的整体调整

变速动力箱整体安装后,调整各个齿轮间隙,保证相互之间转动灵活,无卡阻现象,调整变速动力箱箱体的相对位置,使其与其他模块配合顺畅。了解实训装置的动作原理,学会设备的操作。开机前必须有教师在场,在教师同意的情况下实施操作。

6.1.7　任务评价

依据表6.1.1对任务完成情况进行评价。

表6.1.1　成绩评定表

项次	项目和技术要求	实训记录	配分	得分		
				自我评价	小组评价	教师评价
1	能简述工作原理		10			
2	能正确地选用工具		10			
3	能正确地使用工具		20			
4	工艺过程正确、合理		25			
5	试车结果良好、无卡顿		15			
6	安全生产和文明生产		10			
小计						
总计						

注:自我评价占30%,小组评分占30%,教师评分占40%。

6.1.8　总结提升

列出在本任务中新认识的专业词汇、学到的知识点、学会使用的工具、掌握的技能。

1. 新的专业词汇:________________________________

____

2. 新的知识点:________________________________

____

3. 新的工具:________________________________

____

4. 新的技能:________________________________

____

任务6.2 凸轮控制式电磁离合器的装配与调整

6.2.1 学习目标

1. 知识目标

(1)能简述电磁离合器、蜗轮蜗杆的工作原理;
(2)了解电磁离合器、蜗轮蜗杆的动作过程和功能;
(3)明晰凸轮控制式电磁离合器各个零件之间的装配关系。

2. 技能目标

(1)会安装蜗轮蜗杆,并达到使用要求;
(2)能借助合适的工具完成电磁离合器装配与间隙调整。

3. 素养目标

(1)能正确判断、分析、归纳常见故障,并能够进行合理调整;
(2)养成遵守安全文明生产规程的好习惯。

6.2.2 任务描述

随着现代制造技术的不断发展,机械传动机构的定位精度和动力传递的稳定性在不断提高,运动轮廓的复杂性在不断地提高,使传统的传动机构发生了重大变化。凸轮机构、电磁离合器、蜗轮蜗杆的应用极大地提高了各种机械的传动性能。

凸轮机构以其独有的特性能够使零部件实现复杂、既定的曲线运动;电磁离合器实时控制动力的传递过程,实现了主动部件与从动部件之间的联动与切离,动力传动的制动与停止、变速、正反运转、高速运转、定位与转位;蜗轮蜗杆常用于两轴交错、传动比大、间歇工作的场合。它们广泛地应用在制造机械、自动化、各种动力传输、矿山机械和航空航天等产业上。

凸轮控制式电磁离合器主要由盘形凸轮、限位开关、斜齿轮、法兰盘、牙嵌式电磁离合器、传动轴等组成。凸轮控制式电磁离合器的装配与调试,是对电磁离合器工作原理、控制系统等的仿真训练。

6.2.3 任务明晰

(1)读懂凸轮控制式电磁离合器的部件装配图,了解各个零件之间的装配关系。

(2)理解图纸中的技术要求,根据技术要求进行零部件的安装和调整。

6.2.4 知识准备

1. 凸轮控制式电磁离合器简介

凸轮控制式电磁离合器是 THMDZP - 2 型机械装配综合实训平台中的动力传递机构部分。

凸轮控制式电磁离合器由凸轮的外轮廓线控制限位开关的闭合,从而使电刷得电与失电来进一步控制电磁离合器的离合,最终完成动力的间歇传递。

2. 凸轮控制式电磁离合器的结构原理

电磁离合器靠线圈的通断电来控制离合器的接合与分离,凸轮通过限位开关控制电磁离合器的通断电,动力通过电磁离合器进行一定间歇时间的传递。

3. 凸轮控制式电磁离合器的工作特点

凸轮控制式电磁离合器的工作特点如下。

(1)通过凸轮的调节与修正控制电磁离合器的工作间歇时间的长短。

(2)凸轮通过限位开关的闭合控制电磁离合器通断电。

(3)电磁离合器精确、快速、高效率地传递动力,从而准确无误地控制相应分度盘的工作位置和转动时间。

综上所述,凸轮控制式电磁离合器特别适用于要求精确控制、定位,快速变速、转向等的领域。随着企业对精确控制、提高效率的生产需求增加,试制产品过程中有工件的结构灵活度高、转动速度高和产出快等方面的要求,用传统机械控制离合器的生产方式已经不能适应灵活多变、高效率生产的需求,因此出现了电磁离合器。电磁离合器的机能可以很好地满足上述现代生产的要求。在此基础上进行创新,由凸轮控制电磁离合器的通断电来实现其相应的功能。

4. 电磁离合器的分类

电磁离合器有许多种类,包括干式单片电磁离合器、干式多片电磁离合器、湿式多片电磁离合器、磁粉离合器、转差式电磁离合器等。电磁离合器的工作方式又可分为通电结合和断电结合。

5. 凸轮控制式电磁离合器的工作原理

如图6.2.1所示为凸轮控制式电磁离合器的传动简图。其主传动由传动轴1通过斜齿轮2进行交错传递,轴承座3起到支撑作用,通过电磁离合器4间歇传递动力,蜗轮6和蜗杆5相互配合驱动蜗轮轴7进行转动,最终驱动分度盘9进行转动,卸荷装置8起到保护蜗轮轴不受径向力的作用,凸轮10需经过修配才能和电磁离合器配合动作,控制自动钻床进给机构与分度盘的间歇配合。

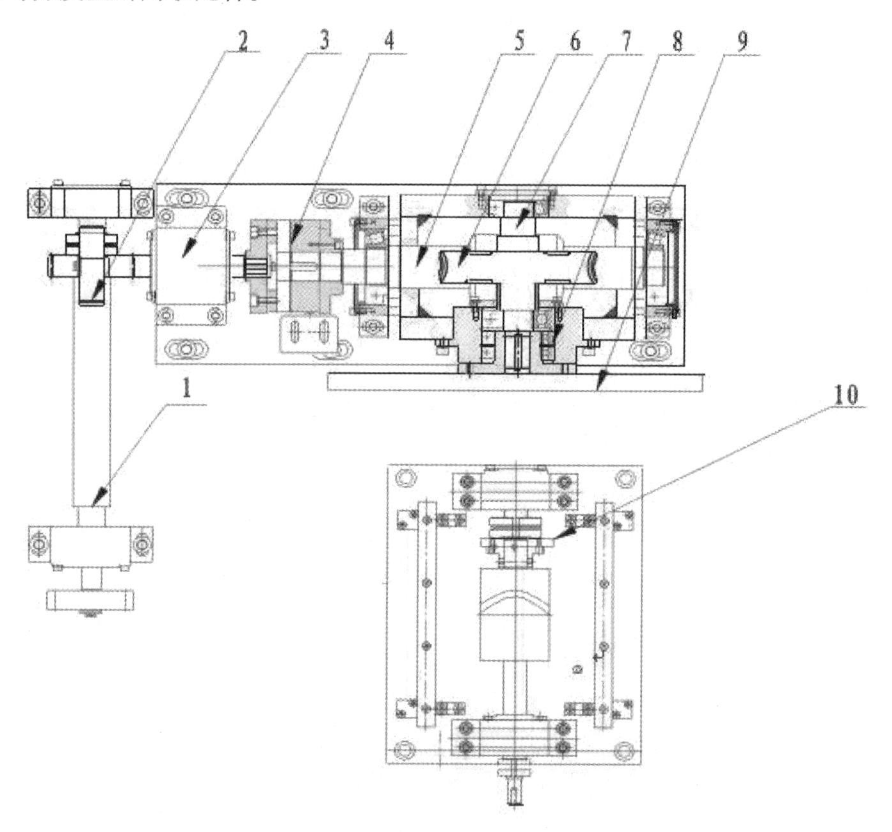

1—传动轴;2—斜齿轮;3—轴承座;4—电磁离合器;
5—蜗杆;6—蜗轮;7—蜗轮轴;8—卸荷装置;9—分度盘;10—凸轮

图6.2.1　凸轮控制式电磁离合器的传动简图

6. 圆盘凸轮的修配与调整方法

圆盘凸轮需经过修配才能达到相应的技术要求,圆盘凸轮突出的一部分为其1/4,通过圆盘突出的一部分控制限位开关的通断电,从而进一步控制电磁离合器的离合间歇时间,使分度盘的工作间歇时间与钻夹头的进给行程相互配合，可用小锉刀进行凸轮的修配，注意不可修配过量，修配好后进行试车，观察分度盘的转动时间与钻夹头的进给行程是否冲突，当钻夹头开始钻孔的时候，分度盘上的工件是静止且与钻头相互垂直的，如果不是需再次或反复修配，直到达到相应的技术要求。

6.2.5　任务实施

完成凸轮控制式电磁离合器的整体安装与调试后，进入圆盘凸轮安装调整的任务实施，可以让学生分组进行，具有条件的可以2人为一个组进行考核，可以根据学生的装配熟练程度设定考核时间，考核前先将凸轮控制式电磁离合器部分部件完全分离，并检查所有零件是否完好，如有缺损，事先补齐，考核计时。

1. 任务实施前准备

（1）检查技术文件、图纸和零件的完备情况；

（2）根据装配图纸和技术要求，确定装配任务和装配工艺；

（3）根据装配任务和装配工艺，选择合适的工具、量具，工具、量具摆放整齐，装配前量具应校正；

（4）对装配的零部件进行清理、清洗，去掉零部件上的毛刺、铁锈、切屑、油污等。

2. 任务实施内容

装配凸轮控制式电磁离合器的操作步骤见表6.2.1。

表6.2.1　装配凸轮控制式电磁离合器的操作步骤

步骤	示意图	备注说明
清理安装面		安装前务必用油石和棉布等清除安装面上的加工毛刺及污物
蜗轮箱体及蜗轮蜗杆、卸荷装置的安装		将蜗杆轴承座先安装在底板的相应位置。 将分度箱体用螺丝从底板反面固定

表 6.2.1(续)

步骤	示意图	备注说明
蜗轮箱体及蜗轮蜗杆、卸荷装置的安装		将蜗轮蜗杆、卸荷装置安装在相应位置
		将分度盘安装在蜗轮轴上面
		安装传动轴及斜齿轮
电磁离合器的安装与调整		将电磁离合器安装在相应的位置,并调整间隙及同轴度

表6.2.1(续)

步骤	示意图	备注说明
电磁离合器的安装与调整		安装离合器电刷及电刷支架
圆盘凸轮的安装与调整		将圆盘凸轮安装在圆柱凸轮轴上,调整圆盘凸轮的相对位置,并对其进行修配,使分度盘的转动时间与钻头的工作时间相互配合
试车与检验,调整	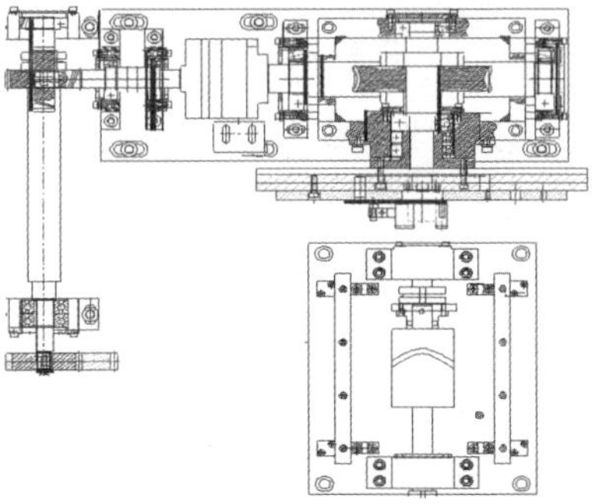	试车,检验钻夹头的进给行程与分度盘的转动时间和角度是否能准确配合

3. 工具、量具使用方法和测量方案

对于THMDZP-2型机械装配综合实训平台凸轮控制式电磁离合器,工具、量具使用方法和测量方案见表6.2.2。

表 6.2.2　工具、量具使用方法和测量方案

<table>
<tr><td colspan="6">凸轮控制式电磁离合器装配检测工艺方案</td></tr>
<tr><td>设备名称</td><td></td><td>部件名称</td><td></td><td>装配图号</td><td></td></tr>
<tr><td rowspan="2">序号</td><td rowspan="2">装配检测内容</td><td rowspan="2" colspan="2">装配检测、调整方法</td><td colspan="2">工艺装备</td></tr>
<tr><td>检具名称</td><td>精度等级</td></tr>
<tr><td>1</td><td>电磁离合器左右同轴度检测</td><td colspan="2">通过百分表测量同轴度</td><td>百分表</td><td>0.05</td></tr>
<tr><td>2</td><td>支承块高度检测</td><td colspan="2">测量工作台到电磁离合器轴承座高度</td><td>深度
游标卡尺</td><td>0.05</td></tr>
<tr><td>3</td><td>电磁离合器间隙检测</td><td colspan="2">用塞尺检查电磁离合器之间的间隙，应该控制在 0.03 ~ 0.04 mm。</td><td>塞尺</td><td></td></tr>
<tr><td>4</td><td>检查圆盘凸轮与分度盘的配合间歇时间是否正常</td><td colspan="2">检查圆盘凸轮的相应位置，保证自动钻床进给机构的进给行程与分度盘的转动时间相互吻合，即钻头开始钻孔的时候，分度盘上的工件是静止的</td><td>目测及
标记测量</td><td></td></tr>
</table>

4. 凸轮控制式电磁离合器运行检测

凸轮控制式电磁离合器整体安装后，为了保证自动钻床顺利进行加工，必须对其各个部件的运行技术指标进行检测和监控，并与电气控制系统协调工作，机械机构动作完成与电气配合，安装信号元件，凸轮与电磁离合器的配合也必须一致，才能使分度盘与钻夹头协调工作。

5. 凸轮控制式电磁离合器的调整

凸轮控制式电磁离合器整体安装后，必须安装好限位开关，采用限位开关检测运动部件是否到位，运行技术指标进行检测和监控，必须按图纸要求的位置安装好限位开关信号元件。同时修配凸轮的外形轮廓以达到相关技术要求，调整好凸轮的相对位置及外形轮廓后进行空车试运转。

6.2.6　任务评价

依据表 6.2.3 对任务完成情况进行评价。

表 6.2.3　成绩评定表

<table>
<tr><td rowspan="2">项次</td><td rowspan="2">项目和技术要求</td><td rowspan="2">实训记录</td><td rowspan="2">配分</td><td colspan="3">得分</td></tr>
<tr><td>自我评价</td><td>小组评价</td><td>教师评价</td></tr>
<tr><td>1</td><td>能简述工作原理</td><td></td><td>10</td><td colspan="3"></td></tr>
<tr><td>2</td><td>能正确地选用工具</td><td></td><td>10</td><td colspan="3"></td></tr>
</table>

表6.2.3(续)

项次	项目和技术要求	实训记录	配分	得分		
				自我评价	小组评价	教师评价
3	能正确地使用工具		20			
4	工艺过程正确、合理		25			
5	试车结果良好、无卡顿		10			
6	遵守操作规程 职业素质规范化养成 7S整理		15			
小计						
总计						

注：自我评价占30%，小组评分占30%，教师评分占40%。

6.2.7　总结提升

列出在本任务中新认识的专业词汇、学到的知识点、学会使用的工具、掌握的技能。

1. 新的专业词汇：________________

2. 新的知识点：________________

3. 新的工具：________________

4. 新的技能：________________

6.2.8　补充知识

电磁离合器间隙控制测量方法：在安装电磁离合器(图6.2.2)的过程中，先调整轴承座的等高，然后用塞尺(图6.2.3)检测电磁离合器之间的间隙，控制在0.3 mm之内，不磨齿，离合效果好。

图6.2.2　电磁离合器

图6.2.3　塞尺

任务6.3 精密分度盘的装配与调整

6.3.1 学习目标

1.知识目标

(1)了解精密分度盘的分度方式;
(2)能够读懂精密分度盘的部件装配图,知悉图纸技术要求。

2.技能目标

(1)掌握精密分度盘调整方法和调整步骤;
(2)能借助合适的工具、量具测量轴承座的等高及法兰盘的同轴度。

3.素养目标

(1)能正确判断、分析、归纳常见故障,并能够进行合理调整;
(2)养成遵守安全文明生产规程的好习惯。

6.3.2 任务描述

精密分度盘主要由蜗轮蜗杆、箱体、蜗轮轴、分度盘等组成。精密分度盘的装配与调试,是对控制系统、精密分度传动系统等的仿真训练。

本任务以选用合理的工具对精密分度盘进行装配与调整为载体进行训练。

6.3.3 任务明晰

(1)观察THMDZP-2型机械装配综合实训平台,绘制机械装配综合实训平台精密分度盘传动路线图。

(2)梳理THMDZP-2型机械装配综合实训平台精密分度盘的装配与检测要点。

6.3.4 知识准备

1. 初识精密分度盘

精密分度盘(图6.3.1)是THMDZP-2型机械装配综合实训平台中的分度转向机构。精密分度盘的动力来源于电磁离合器的传递,由蜗轮蜗杆进行交错传递,进一步精确地控制分度盘进行四分度转动。

图6.3.1 精密分度盘

2. 精密分度盘的原理

分度机构由分度盘和蜗杆蜗轮副组成,分度盘上有多圈不同等分的定位孔。转动与蜗杆相连的手柄将定位销插入选定的定位孔内,即可实现分度。

当分度盘上的等分孔数不能满足分度要求时,可通过蜗轮与主轴之间的交换齿轮改变传动比,扩大分度范围。在铣床上可将万能分度盘的交换齿轮与铣床工作台的进给丝杠相连接,使工件的轴向进给与回转运动相组合,按一定导程铣削出螺旋沟槽。分度盘工作原理图如图6.3.2所示。

分度盘工作动力传动路线为:动力输出端1提供动力来源,蜗轮3和蜗杆2相互交错传递动力,传动轴4驱动分度盘5进行特定角度的转动。

3. 精密分度盘的结构组成和特点

THMDZP-2型机械装配综合实训平台的精密分度盘一般由以下几部分组成。

工作机构:由分度盘及其部件组成的模块。其作用是将传动系统的旋转运动变换为工件的特定角度的转动,承受和传递工作压力,安装紧固待加工工件。

传动系统:一般由蜗轮蜗杆等组成。其作用是传递动力源的运动和能量,并起自锁作用。

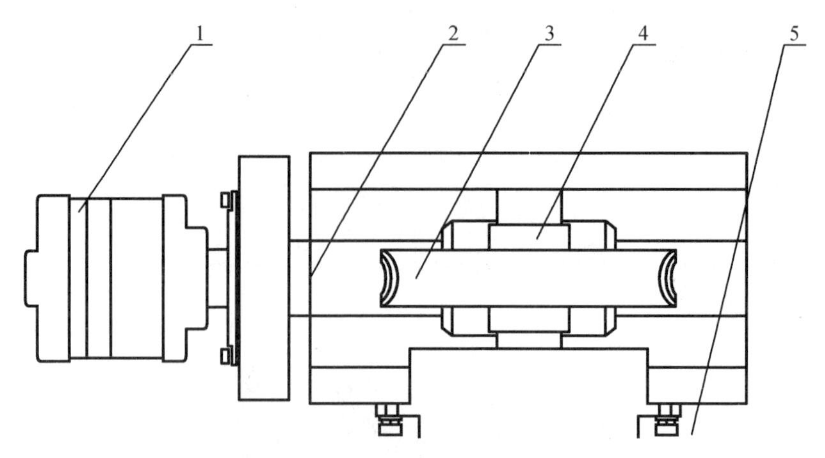

1—动力输入端;2—蜗杆;3—蜗轮;4—传动轴;5—分度盘

图 6.3.2 分度盘工作原理图

能源系统:由电动机或手轮等组成。电动机、手轮将电能、机械能转换成可旋转的动力。

支承部件:主要为蜗轮蜗杆箱体,它支撑了蜗轮、蜗杆的工作位置,保证精密分度盘要求的精度、强度和刚度。

6.3.5 任务准备

设备:THMDZP-2 型机械装配综合实训平台。

工具:各型号扳手一套。

6.3.6 任务实施

1. 任务实施前准备

(1)检查技术文件、图纸和零件的完备情况;

(2)根据装配图纸和技术要求,确定装配任务和装配工艺;

(3)根据装配任务和装配工艺,选择合适的工具、量具,工具、量具摆放整齐,装配前量具应校正;

(4)对装配的零部件进行清理、清洗,去掉零部件上的毛刺、铁锈、切屑、油污等。

2. 精密分度盘的装配与调试要点

精密分度盘的装配与调试主要有以下几个要点。

(1)装配前的准备:装配前的准备工作内容较多,首先读懂分度盘的装配图,理解分度盘的装配技术要求;了解零件之间的配合关系;检查零件的精度,特别是对配合要求较高部位零件是否达到加工要求;按装配要求配齐所有零件,根据装配要求选用装配时所必需的工具。

(2)按先装配蜗杆、后装蜗轮,先装配内部件、后装配外部件,先装配难装配件、后装配易装配件的原则,进行分度盘零件装配和部件装配。例如,蜗轮、蜗杆的装配,先将蜗杆装配在相应的轴承座内,并达到配合要求,然后将蜗轮装配在分度箱体内,检查蜗杆与蜗轮之间的间隙并适当调整,确定间隙达到要求。

(3)安装分度盘,将分度盘用定位销定位后装配预紧,调整分度盘与传动轴之间的同轴度,当达到要求时,拧紧紧固螺钉。

(4)对装配后的分度盘,手动转动一定角度,检查转动是否灵活,有无卡阻现象。

3. 分度盘认识实训任务

了解分度盘的结构和动作原理,了解蜗轮、蜗杆结构和装配关系。熟悉分度盘结构和分度原理,按教师要求拆装一副分度盘,仔细观察分度的质量。测量电磁离合器与法兰盘之间的同轴度并进行调整。

6.3.7　任务实施

1. 学生领取任务单

根据完成情况,进行实训评价(表6.3.1)。教师评价时可以采用提问方式逐项评价,可以事先发给学生思考题,让学生带着任务进入实训室。

表6.3.1　认识蜗轮、蜗杆和分度盘的工作任务评分表

姓名		设备名称	
小组编号		实训时间	
列举看到的零件、套件、组件和部件名称			
简单描述某一部件或机器的装配顺序			
列举看到的分度盘装配和调试的测试仪器(或工具)、试验设备(或量具)各五项以上			

表 6.3.1(续)

简述蜗轮蜗杆装配和调试的主要任务	
小组评价(对以上参观后描述的范围、准确性评价)	
教师评价	

2. 精密分度盘部件装配实施

对于精密分度盘装配与调整任务,可以让学生分组进行,具有条件的可以 2 人一组进行考核,可以根据学生的装配熟练程度设定考核时间,考核前先将精密分度盘部件完全分离,并检查所有零件是否完好,如有缺损,事先补齐,考核计时。

装配精密分度盘的操作步骤见表 6.3.2。

表 6.3.2　装配精密分度盘的操作步骤

步骤	示意图	备注说明
清理安装面		安装前务必用油石和棉布等清除安装面上的加工毛刺及污物

表6.3.2(续)

步骤	示意图	备注说明
蜗轮箱体及蜗轮蜗杆、卸荷装置的安装		将蜗杆轴承座先安装在底板的相应位置。 将分度箱体用螺丝从底板反面固定
		将蜗轮蜗杆、卸荷装置安装在相应位置
蜗轮箱体及蜗轮蜗杆、卸荷装置的安装		将分度盘安装在蜗轮轴上面
		安装传动轴及斜齿轮

表 6.3.2(续)

步骤	示意图	备注说明
试车与检验,调整	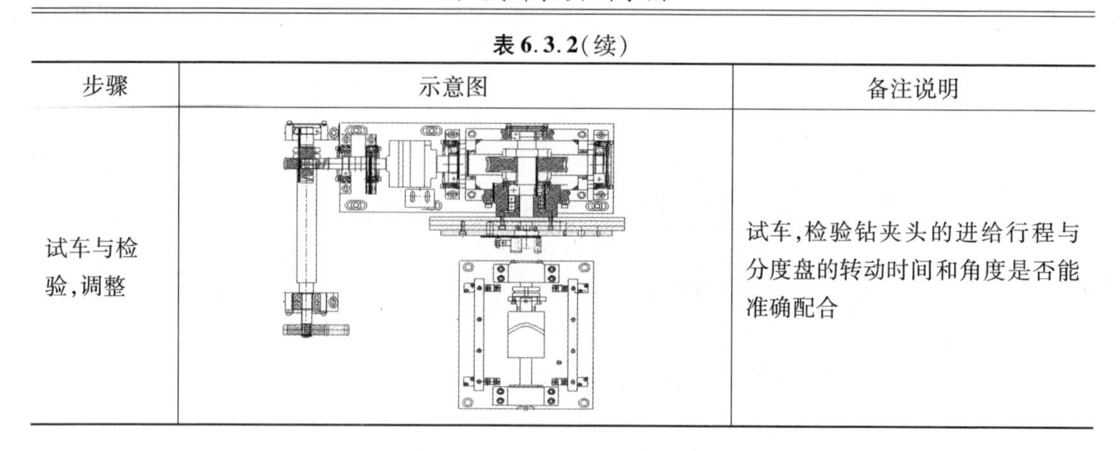	试车,检验钻夹头的进给行程与分度盘的转动时间和角度是否能准确配合

3. 精密分度盘的调整

凸轮控制式电磁离合器与精密分度盘整体安装后,必须安装好限位开关,限位开关检测运动部件是否到位,运行技术指标进行检测和监控,必须按图纸要求的位置安装好限位开关信号元件。调整好凸轮的相对位置及外形轮廓后进行空车试运转。通电试车前必须检查所有的环节。钻夹头上的钻头是否超出行程范围,钻夹头与分度盘的配合间歇时间,保证在钻孔的过程中,分度盘是静止的,调整电磁离合器使分度盘起始点的位置对中。了解实训装置的动作原理,学会设备的操作。开机前必须由老师在场,在老师同意的情况下操作。

6.3.8 任务评价

精密分度盘部件运行检测成绩评定表见表 6.3.3。

表 6.3.3 精密分度盘部件运行检测成绩评定表

项次	项目和技术要求	实训记录	配分	得分		
				自我评价	小组评价	教师评价
1	能简述工作原理		10			
2	能正确地选用工具		10			
3	能正确地使用工具		20			
4	工艺过程正确、合理		25			
5	试车结果良好、无卡顿		10			
6	遵守操作规程 职业素质规范化养成 7S 整理		15			
小计						
总计						

注:自我评价占 30%,小组评分占 30%,教师评分占 40%。

6.3.9　总结提升

列出在本任务中新认识的专业词汇、学到的知识点、学会使用的工具、掌握的技能。

1. 新的专业词汇：____

____

2. 新的知识点：____

____

3. 新的工具：____

____

4. 新的技能：____

____

6.3.10　知识拓展

1. 精密分度盘的装配测量方案

由于自动钻床进给运动具有较高的位置要求、电磁离合器通断电的瞬间离合要承受很大的扭转力，所以凸轮在试车前必须进行修配并调整适当，保证钻夹头与分度盘上的工件相互垂直，电磁离合器的间隙要进行精确的调整，以实现离合器正常工作。采用什么方法最为简单有效？测量方法可以有多种方案，可以选择不同的量具进行。实训过程中采用的方案是采用游标卡尺、深度游标卡尺、百分表进行测量。

2. 游标卡尺、深度游标卡尺的相关知识

(1)游标卡尺

游标卡尺是一种测量长度、内外径、深度的量具。游标卡尺由主尺和附在主尺上能滑动的游标两部分构成，如图6.3.3所示。主尺一般以毫米为单位，而游标上则有10、20或50个分格，根据分格的不同，游标卡尺可分为十分度游标卡尺、二十分度游标卡尺、五十分度游标卡尺等。

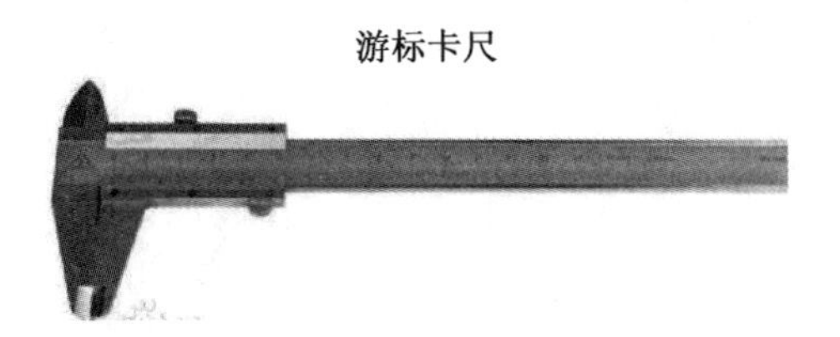

图6.3.3　游标卡尺

①工作原理

游标与尺身之间有一弹簧片，利用弹簧片的弹力使游标与尺身靠紧。游标上部有一紧固螺钉，可将游标固定在尺身上的任意位置。尺身和游标都有量爪，利用内测量爪可以测量槽的宽度和管的内径，利用外测量爪可以测量零件的厚度和管的外径。深度尺与游标尺连在一起，可以测槽和筒的深度。

尺身和游标上面都有刻度。以精度为0.1 mm的游标卡尺为例，尺身上的最小分度是1 mm，游标上有10个小的等分刻度，总长9 mm，每一分度为0.9 mm，与主尺上的最小分度相差0.1 mm。量爪并拢时尺身和游标的零刻度线对齐，它们的第一条刻度线相差0.1 mm，第二条刻度线相差0.2 mm，……，第10条刻度线相差1 mm，即游标的第10条刻度线恰好与主尺的9 mm刻度线对齐。

当量爪间所量物体的线度为0.1 mm时，游标向右应移动0.1 mm。这时它的第一条刻度线恰好与尺身的1 mm刻度线对齐。同样，当游标的第五条刻度线跟尺身的5 mm刻度线对齐时，说明两量爪之间有0.5 mm的宽度，依此类推。

在测量大于1 mm的长度时，整的毫米数要从游标“0”线与尺身相对的刻度线读出。

②使用方法

用软布将量爪擦干净，使其并拢，查看游标和主尺的零刻度线是否对齐。如果对齐就可以进行测量，如没有对齐则要记取零误差：游标的零刻度线在尺身零刻度线右侧的叫正零误差，在尺身零刻度线左侧的叫负零误差（这种规定方法与数轴的规定一致，原点以右为正，原点以左为负）。

测量时，右手拿住尺身，大拇指移动游标，左手拿待测外径（或内径）的物体，使待测物位于外测量爪之间，当与量爪紧紧相贴时，即可读数。

测量零件的外尺寸时，游标卡尺两测量面的连线应垂直于被测量表面，不能歪斜。测量时，可以轻轻摇动游标卡尺，放正垂直位置。否则，量爪若在错误位置上，将使测量结果 a 比实际尺寸 b 要大。先把游标卡尺的活动量爪张开，使量爪能自由地卡进工件，把零件贴靠在固定量爪上，然后移动尺框，用轻微的压力使活动量爪接触零件。如游标卡尺带有微动装置，此时可拧紧微动装置上的固定螺钉，再转动调节螺母，使量爪接触零件并读取尺寸。不可把游标卡尺的两个量爪调节到接近甚至小于所测尺寸，把游标卡尺强制地卡到零件上去。这样做会使量爪变形，或使测量面过早磨损，使游标卡尺失去应有的精度。

图6.3.4为游标卡尺的使用。

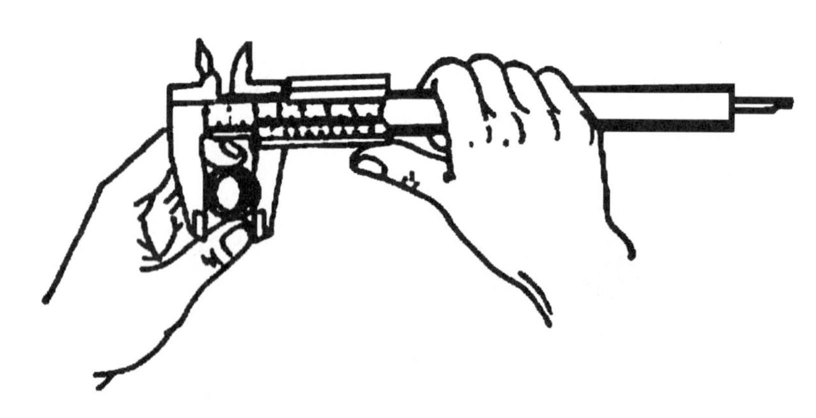

图6.3.4　游标卡尺的使用

(2)深度游标卡尺

深度游标卡尺用于测量凹槽或孔的深度、梯形工件的梯层高度、长度等尺寸,简称“深度尺”。常见量程有0~100 mm、0~150 mm、0~300 mm、0~500 mm,常见精度有0.02 mm、0.01 mm(由游标上分度格数决定)。

深度游标卡尺如图6.3.5所示。测量内孔深度时应把测量基座的端面紧靠在被测孔的端面上,使尺身与被测孔的中心线平行,伸入尺身,则尺身端面至基座端面之间的距离就是被测零件的深度尺寸。它的读数方法和游标卡尺完全一样。

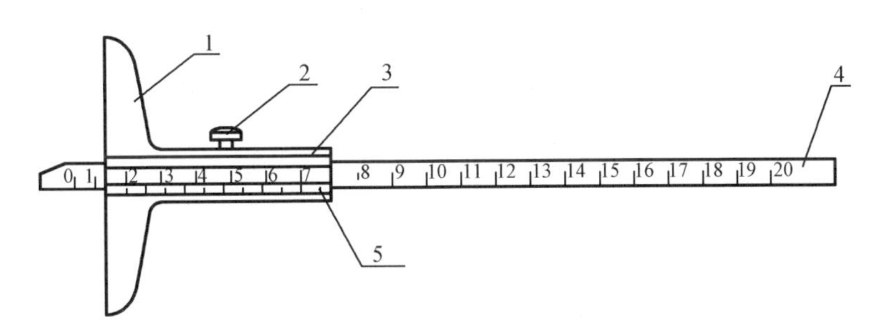

1—测量基座;2—紧固螺钉;3—尺框;4—尺身;5—游标

图6.3.5　深度游标卡尺

测量时,先把测量基座轻轻压在工件的基准面上,两个端面必须接触工件的基准面。测量轴类等台阶时,测量基座的端面一定要压紧基准面,再移动尺身,直到尺身的端面接触到工件的量面(台阶面),然后用紧固螺钉固定尺框,提起卡尺,读出深度尺寸。多台阶小直径的内孔深度测量,要注意尺身的端面是否在要测量的台阶上。当基准面是曲线时,测量基座的端面必须放在曲线的最高点上,测量出的深度尺寸才是工件的实际尺寸,否则会出现测量误差,深度游标卡尺的使用如图6.3.6所示。

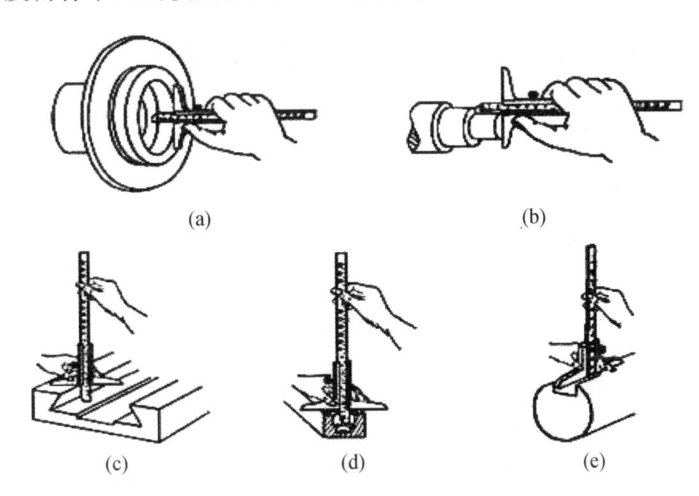

图6.3.6　深度游标卡尺使用

任务6.4 工件夹紧装置的装配与调整

6.4.1 学习目标

1. 知识目标

(1)了解工件夹紧装置的工作原理;
(2)能够读懂工件夹紧装置的部件组装图;
(3)了解工件夹紧装置的动作过程、功能及工作原理。

2. 技能目标

(1)学会如何进行工件夹紧装置同轴度的调整;
(2)掌握钻夹头与打击器和工件夹紧装置的配合的调整。

3. 素养目标

(1)能正确判断、分析、归纳常见故障,并能够进行合理调整;
(2)养成遵守安全文明生产规程的好习惯。

6.4.2 任务描述

在工件上加工出符合要求的表面有一个前提条件,就是加工前必须将工件进行定位夹紧,这样才能保证工件受到切削力或其他力的作用时,位置不会发生变化,进行加工能得到所需要的形状。

但随着现代制造技术的不断进步,对加工精度、加工效率的要求也越来越高,为了适应技术的进步,产生了专业夹具。夹具安装是一种先进的安装方式,既能保证质量,又能节省工时,对操作者的技能要求较低,但专业夹具的制作成本太高,特别适用于成批大量生产,尤其是半自动或者全自动生产。

通过本任务需要能够读懂工件夹紧装置的组装图,了解各个零件之间的装配关系,了解工件夹紧装置的动作过程、功能及工作原理,能正确使用工具、量具测量工件夹紧装置工作台的同轴度。

6.4.3 任务明晰

(1)观察 THMDZP-2 型机械装配综合实训平台,绘制机械装配综合实训平台工件夹紧装置的装配与调整传动路线图。

(2)梳理 THMDZP－2 型机械装配综合实训平台工件夹紧装置的装配与调整的要点。

6.4.4　知识准备

1. 初识工件夹紧装置模块

工件夹紧装置模块是 THMDZP－2 型机械装配综合实训平台中工件定位夹紧的模块。

工件夹紧装置模块安装在精密分度盘上。夹具整体旋转动力来源于电磁离合器的传递,由蜗轮蜗杆进行交错传递,进一步精确地控制分度转盘进行四分度转动。工件夹紧的原理是通过压紧凸轮进行控制,且在压紧凸轮上有一个凸轮旋柄,起到手动压紧和自动卸载的作用。

图6.4.1为工件夹紧装置。

图6.4.1　工件夹紧装置

2. 工件夹紧装置的工作原理

THMDZP－2 型机械装配综合实训平台工件夹紧装置组装图如图6.4.2所示,第2～9组成夹紧组件,整体固定在夹具安装盘,形成一个可自动拆卸的系统。夹紧组件在夹具安装盘的位置已经确定,不需要进行位置的调整。

要加工的工件7放在固定压紧块9和V形活动块6中间,转动凸轮旋柄5,通过压紧凸轮4压紧V形活动块6,即可将工件固定。当整个工件开始旋转时,凸轮旋柄5会碰到冲头,压紧凸轮4会反转,这时工件就会自动脱落。

3. 工件夹紧装置的结构组成和特点

从工作原理可以看出,工件夹紧装置一般由下列几部分组成。

(1)工作机构:指由夹紧组件组成的部分。其作用主要是将工件位置定好,在加工过程中不会发生移动。

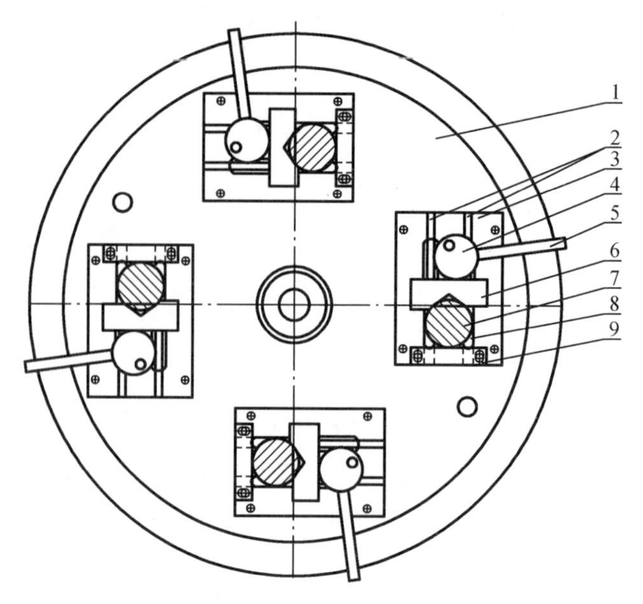

1—夹具安装盘;2—压块导杆;3—夹具底板;4—压紧凸轮;5—凸轮旋柄;
6—V 形活动块;7—工件;8—弹簧;9—固定压紧块

图 6.4.2 工件夹紧装置组装图

(2)能源系统:夹紧组件的整体部分固定在夹具安装盘上,其由蜗轮蜗杆带动控制分度盘进行转动。在整体旋转时碰到冲头,其可自动进行解除压紧,使工件自动脱落。

(3)支撑部件:主要由固定压紧块、压紧凸轮和凸轮旋柄组成,起到了压紧和解除压紧的作用。

4. 工件夹紧装置的装配要点

工件夹紧装置的装配主要有以下要点。

(1)装配前的准备:装配前的准备工作内容较多,首先是读懂工件夹紧装置的装配图,理解工件夹紧装置的装配技术要求;了解零件之间的配合关系;检查零件的精度,特别是对配合要求较高部位零件是否达到加工要求;根据装配要求配齐所有零件,根据装配要求选用装配时所必需的工具。

(2)装配中注意事项:夹紧组件安装完成后,要先转动压紧凸轮,确认能够压紧工件,工件不会动。确认在转动的过程中,V 形活动块滑行顺畅。若无问题,还需反转压紧凸轮,确认 V 形活动块在弹簧的作用下能够顺利弹起,无卡阻现象。

(3)夹具安装盘已经和分度盘安装好,并已调整好同轴度,此时将夹紧组件安装在夹具安装盘上即可。

6.4.5 任务准备

设备:THMDZP－2 型机械装配综合实训平台。

工具:各型号扳手一套。

6.4.6　任务实施

1. 任务实施前准备

(1)检查技术文件、图纸和零件的完备情况;

(2)根据装配图纸和技术要求,确定装配任务和装配工艺;

(3)根据装配任务和装配工艺,选择合适的工具、量具,工具、量具摆放整齐,装配前量具应校正;

(4)对装配的零部件进行清理、清洗,去掉零部件上的毛刺、铁锈、切屑、油污等。

2. 任务实施内容

THMDZP-2 型机械装配综合实训平台工件夹紧装置的安装步骤和注意要点见表6.4.1。

表6.4.1　工件夹紧装置的安装步骤和注意要点

步骤	示意图	备注说明
清理安装面		务必用油石和棉布等,清除安装面上的加工毛刺及污物
固定压紧块部分的安装	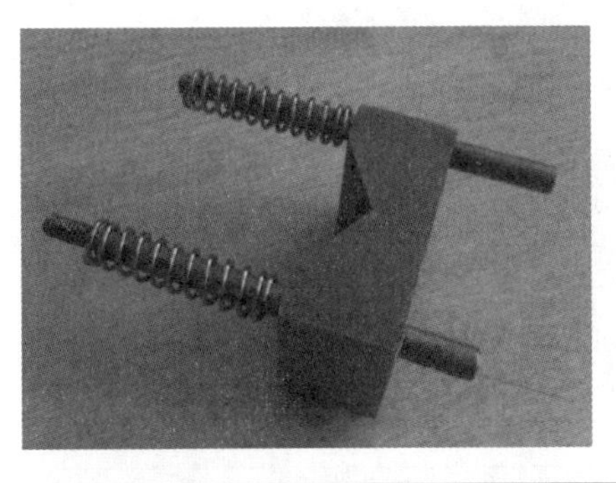	将压块导杆穿过V形活动块,并将弹簧装在压块导杆上。
		将固定压紧块锁在夹具底板上,并将V形活动块滑入底板。(此时要注意其配合度,要滑动顺利,不能有卡阻现象)

表 6.4.1(续)

步骤	示意图	备注说明
压紧凸轮和工件的安装		将压块导杆锁紧到固定压紧块上
		凸轮旋柄锁入到压紧凸轮中,将压紧凸轮放到旋转销上。
压紧凸轮和工件的安装		放入工件
		旋转压紧凸轮,将工件夹紧。(此时需将压紧凸轮反转,观察 V 形活动块弹起时是否会出现卡阻现象,若无即为正常)

表 6.4.1(续)

步骤	示意图	备注说明
夹紧组件安装到夹具安装盘上		试车,检验钻夹头与打击器的进给位置是否能作用到工件上

3. 夹紧组件的检测

(1)量具的要求:要能正确使用卡尺,检测其装配尺寸。确认其在图纸要求范围。

(2)V形活动块的滑动:V形块活动块装入夹具安装盘后,要保证通过压块导杆的滑动能够顺利。

(3)压紧凸轮的安装:压紧凸轮装入定位销后要能够正常旋转,不能出现无法压紧工件的现象。

6.4.7 任务评价

根据完成情况,进行工件夹紧装置的装配与调整任务评价,填写任务评分表(表6.4.2)。教师评价时可以采用提问方式逐项评价,可以事先发给学生思考题。

表 6.4.2 工件夹紧装置的装配与调整任务评分表

姓名		小组编号	
设备名称		实训时间	
列举看到的零件、套件、组件和部件名称			

表 6.4.2(续)

简述工件夹紧装置的装配与调整的工艺过程	
简述工件夹紧装置的工作任务	
简述工件夹紧装置压紧及自动卸载的原理	
小组评价(对以上参观后描述的范围、准确性评价)	自我评价: 小组评价:
教师评价	

6.4.8　总结提升

列出在本任务中新认识的专业词汇、学到的知识点、学会使用的工具、掌握的技能。

1. 新的专业词汇：____

____

2. 新的知识点：____

____

3. 新的工具：____

____

4. 新的技能：____

____

任务 6.5　自动钻床进给机构的装配与调整

6.5.1　学习目标

1. 知识目标

(1)了解圆柱凸轮的工作原理，以及自动钻床的工作方式；
(2)了解自动钻床的安装方式和装配工艺过程；
(3)了解燕尾槽的调整方式。

2. 技能目标

(1)学会调整配合轴承的间隙、两平行导轨的平行度；
(2)学会钻夹头与打击器和工件夹紧装置的配合的调整；
(3)正确掌握两直线导轨的平行度安装与调整。

3. 素养目标

(1)能正确判断、分析、归纳常见故障，并能够进行合理调整；
(2)养成遵守安全文明生产规程的好习惯。

6.5.2　任务描述

随着现代制造技术的不断发展，机械传动机构的定位精度、导向精度和进给速度在不断提高，使传统的传动、导向机构发生了重大变化。直线导轨、凸轮的应用极大地提高了各种机械的性能。滚动直线导轨以其独有的特性，逐渐取代了传统的滑动直线导轨，广泛地应用在自动化、各种动力传输、半导体、医疗和航空航天等产业上。机械行业使用直线导轨，适应了现今机械对于高精度、高速度、节约能源以及缩短产品开发周期的要求，已被广泛应用在各种重型组合加工机床、数控机床、高精度电火花切割机、磨床、工业用机器人乃至一般产业用的机械中。圆柱凸轮能将回转运动转化为直线运动,或将直线运动转化为回转运动。其主要功能是将旋转运动转换成线性运动,或将扭矩转换成轴向反复作用力。

自动钻床工作台主要由直线导轨、圆柱凸轮、底板、中溜板、上溜板等构成。自动钻床的装配与调整,是对机床进给、传动系统等的仿真训练。

6.5.3 任务明晰

(1)观察 THMDZP－2 型机械装配综合实训平台,绘制机械装配综合实训平台自动钻床进给机构传动路线图。

(2)梳理 THMDZP－2 型机械装配综合实训平台自动钻床进给机构的装配要点。

6.5.4 知识准备

1. 初识自动钻床进给机构

自动钻床模块是 THMDZP－2 型机械装配综合实训平台中重要的模块之一,自动钻床工作原理为通过锥刺轮带动圆柱凸轮,圆柱凸轮带动上溜板来回运动,由旋转运动转换为直线运动。

2. 凸轮的工作原理

凸轮是实现来回运动和不均匀运动的一种方式,本任务主要介绍的是圆柱凸轮,圆柱凸轮主要是实现来回运动,带动转头进行来回运动,实现运动上面的匀速。

3. 滚动直线导轨介绍

滚动直线导轨现在运用很广泛,能够达到较高运动精度和位置精度,可以更好地调节平行度,在运动的时候没有滑移,没有卡死现象。

4. 滚动直线导轨的性能特点

(1)定位精度高。滚动直线导轨的运动借助钢球滚动实现,导轨副摩擦阻力小,动静摩擦阻力差值小,低速时不易产生爬行现象。其重复定位精度高,适合做频繁启动或换向的运动部件,可将机床定位精度设定到超微米级,同时可根据需要适当增加预载荷,确保钢球不发生滑动,实现平稳运动,减小了运动的冲击和振动。

(2)磨损小。对于滑动导轨面的流体润滑,由于油膜的浮动,产生的运动精度误差是无法避免的。在绝大多数情况下,流体润滑只限于边界区域,由金属接触而产生的直接摩擦是无法避免的,在这种摩擦中,大量的能量以摩擦损耗的形式被浪费掉了。与之相反,滚动接触由于摩擦耗能小,滚动面的摩擦损耗也相应减少,故能使滚动直线导轨系统长期处于高精度状态。同时,由于使用润滑油也很少,在机床的润滑系统设计及使用维护方面都变得非常容易。

(3)适应高速运动且大幅降低驱动功率。采用滚动直线导轨的机床由于摩擦阻力小,可使所需的动力源及动力传递机构小型化,使驱动扭矩大大减少,使机床所需电力降低80%,节能效果明显。可实现机床的高速运动,提高机床的工作效率20%~30%。

(4)承载能力强。滚动直线导轨具有较好的承载性能,可以承受不同方向的力和力矩载荷,如承受上下左右方向的力,以及颠簸力矩、摇动力矩和摆动力矩,因此具有很好的载荷适应性。在设计制造中加以适当的预加载荷可以增加阻尼,以提高抗震性,同时可以消除高频振动现象。而滑动直线导轨在平行接触面方向可承受的侧向负荷较小,易造成机床运行精度不良。

(5)组装容易并具互换性。传统的滑动直线导轨必须对导轨面进行刮研,既费事又费时,且一旦机床精度不良,必须再刮研一次。滚动直线导轨具有互换性,只要更换滑块或导轨或整个滚动直线导轨,机床即可重新获得高精度。

如前所述,滚珠在导轨与滑块之间的相对运动为滚动,可减少摩擦损失。通常滚动摩擦系数为滑动摩擦系数的2%左右,因此采用滚动直线导轨的传动机构性能远优越于采用传统滑动直线导轨的。

5. 滚动直线导轨的选用方法

滚动直线导轨具有承载能力大、接触刚性高、可靠性高等特点,主要在机床的床身、工作台导轨和立柱上、下升降导轨上使用。在选用时可以根据负荷大小、受载荷方向、冲击和振动大小等情况来选择。

(1)受力方向

由于滚动直线导轨的滑块与导轨上通常有4列圆弧滚道,因此能承受4个方向的负荷和翻转力矩。导轨承受能力随滚道中心距增大而提高。

(2)负荷大小

不同规格滚动直线导轨有着不同的承载能力,可根据承受负荷大小选择。为使每副滚动直线导轨均有比较理想的使用寿命,可根据所选厂家提供的近似公式计算额定寿命和额定小时寿命,以便给定合理的维修和更换周期。还要考虑滑块承受载荷后,每个滑块滚动阻力的影响,进行滚动阻力的计算,以便确定合理的驱动力。

预加负载的选择根据设计结构的冲击、振动情况以及精度要求,选择合适的预压值。

6. 燕尾槽的工作原理

燕尾槽是一种机械结构,槽的形状是∠,它的作用通常是做机械相对运动,运动精度高,稳定。燕尾槽常和梯形导轨配合使用,起导向和支撑作用,在机床的溜板上经常使用。调节燕尾斜铁可以调节燕尾槽与下面板的配合度。

6.5.5 任务准备

设备:THMDZP - 2 型机械装配综合实训平台。
工具:各型号扳手一套。

6.5.6 任务实施

1. 任务实施前准备

(1)检查技术文件、图纸和零件的完备情况;
(2)根据装配图纸和技术要求,确定装配任务和装配工艺;
(3)根据装配任务和装配工艺,选择合适的工具、量具,工具、量具摆放整齐,装配前量具应校正;
(4)对装配的零部件进行清理、清洗,去掉零部件上的毛刺、铁锈、切屑、油污等。

2. 设备装配与调整

自动钻床进给机构在装配过程中有不同的位置要求和精度要求,在装配过程中需要调整它们的位置精度和行为误差达到生产水平的要求,自动钻床进给机构的安装调整有以下几个要点。

(1)装配前的准备:装配前的准备工作内容较多,首先是读懂自动钻床模块的装配图,理解装配的技术要求;了解零件之间的配合关系;检查零件的精度,特别是对配合要求较高零件是否达到加工要求;按装配要求配齐所有零件,根据装配要求选用装配时所必需的工具。

(2)安装时,需要从下往上一步一步安装,按先难后易的顺序安装。先安装底板,找到基准面,再安装上面两平行直线导轨,通过量具调整导轨与基准面的平行度,先以底板的基准面为基准用百分表从一边到另一边依次测量过去,使导轨与基准面平行后拧紧螺钉。安装好一个导轨后,再安装第二根导轨。以已安装的导轨为基准,用百分表测量第二根导轨的平行度,和安装第一根导轨的安装方式相同,确定后拧紧螺丝。

(3)安装圆柱凸轮,调整圆柱凸轮的两端的等高与导轨的平行度。选择合适的工具,使两轴承座中心线等高,圆柱凸轮与导轨平行。

(4)安装完成后,调整好平行滑块的位置,安装等高块。

(5)调整好等高块后,安装上溜板与燕尾槽,与电机座的燕尾槽配合,调整钻头到料盘的距离,固定好后用斜铁调整燕尾槽之间的间隙。

(6)在安装完成后,用表测量调整电机钻头与料盘的垂直度和间隙,调整电机的行为误差和距离误差,达到生产要求。

6.5.7 任务评价

根据完成情况,进行自动钻床进给机构的装配与调整任务评价,填写任务评分表(表

6.5.1)。教师评价时可以采用提问方式逐项评价,可以事先发给学生思考题。

表6.5.1 自动钻床进给机构装配与调整任务评分表

姓名		小组编号	
设备名称		实训时间	
列举看到的零件、套件、组件和部件名称			
简述自动钻床进给机构装配与调试工艺过程			
简述自动钻床进给机构装配与调试的工作任务			
简述自动钻床进给机构装配与调试的工作原理			

表 6.5.1(续)

小组评价(对以上参观后描述的范围、准确性评价)	自我评价: 小组评价:
教师评价	

6.5.8 总结提升

列出在本任务中新认识的专业词汇、学到的知识点、学会使用的工具、掌握的技能。

1. 新的专业词汇:________________

2. 新的知识点:________________

3. 新的工具:________________

4. 新的技能:________________

6.5.9 知识拓展

自动钻床模块如图 6.5.1 所示。

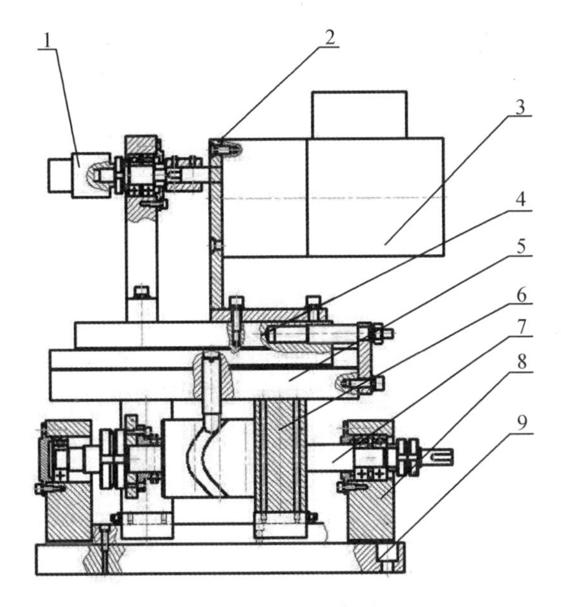

1—钻夹头;2—电机座;3—电机;4—电机固定板;5—中溜板;
6—等高块;7—圆柱凸轮;8—轴承座;9—底板

图6.5.1　自动钻床模块

任务6.6　自动打标机与齿轮齿条连杆机构的装配与调整

6.6.1　学习目标

1. 知识目标

(1)了解齿轮齿条连杆机构的工作原理;
(2)了解自动打标机的工作方式;
(3)了解自动打标机与齿轮齿条连杆机构的装配工艺过程;
(4)了解摇杆的运动曲线,会调节摇杆与离合器控制杆的连接;
(5)了解曲轴的工作原理。

2. 技能目标

(1)学会调整可调圆盘的间距;
(2)完成离合器的调节;
(3)正确掌握两直线导轨的平行度安装与调整;
(4)会调节曲轴刹车套的张紧度;
(5)能调整好自动打标机上面平行导轨的平行度;
(6)会调节冲头与料盘的平行度和物料的距离。

3. 素养目标

(1)能正确判断、分析、归纳常见故障,并能够进行合理调整;
(2)养成遵守安全文明生产规程的好习惯。

6.6.2 任务描述

自动打标机与齿轮齿条连杆机构连接组合成为一个连贯的机械自动化机构,将旋转运动转换成直线运动,齿轮齿条的传动更加牢靠地解决了运动方向的改变。

齿轮齿条连杆机构由可调圆盘、链接杆、轴、轴承、轴承座、齿条、齿轮和摆杆组成。

自动打标机由电机、齿轮、离合器、曲轴、轴瓦、导轨、球头杆、刹车套等组成。

6.6.3 任务明晰

(1)识读自动打标机与齿轮齿条连杆机构的装配图纸,知晓零件之间的安装关系,描述自动打标机与齿轮齿条连杆机构的工作过程,说明它们之间的运动关系。

(2)分析自动打标机与齿轮齿条连杆机构的装配图纸中的技术要求,根据技术要求和自动打标机与齿轮齿条连杆机构的作用进行安装和调整。

任务就以下几个方面展开。

(1)正确掌握两直线导轨的平行度安装与调整;
(2)齿轮齿条的安装与调整;
(3)摇杆的运动曲线调节,摇杆与离合器控制杆的连接的调整;
(4)离合器的调整;
(5)刹车套的张紧调整;
(6)打标头与料盘的平行,物料的垂直度的调整。

6.6.4 知识准备

1. 初识自动打标机与齿轮齿条连杆机构

自动打标机与齿轮齿条连杆机构是机械自动化的重要的模块之一,自动打标机与齿轮齿条连杆机构工作原理为通过万向联轴器带动可调圆盘,可调圆盘带动调节杆,调节杆带动齿条,齿条带动齿轮同时带动摇杆机构,摇杆机构上面的杆推动离合器控制杆,实现冲床打标。

2. 齿轮齿条的工作原理

(1) 齿轮简介

齿轮是能互相啮合的有齿的机械零件。齿轮传动在机械传动及整个机械领域中的应用极其广泛。渐开线齿轮以其优良的性能已在齿轮传动的应用中占了优势，扩展出变位齿轮、圆弧齿轮、锥齿轮、斜齿轮等一系列齿轮应用。

(2) 齿轮的种类

齿轮的种类繁多，其分类方法最常用的是根据齿轮轴性分类，一般分为平行轴齿轮、相交轴齿轮及交错轴齿轮三种。

平行轴齿轮包括正齿轮、斜齿轮、内齿轮、齿条及斜齿条等。相交轴齿轮有直齿锥齿轮、弧齿锥齿轮、零度齿锥齿轮等。平行轴及相交轴的齿轮副的啮合，基本上是滚动，相对的滑动非常微小，所以效率高。交错轴齿轮有交错轴斜齿齿轮、蜗杆蜗轮、准双曲面齿轮等。交错轴斜齿齿轮及蜗杆蜗轮等交错轴齿轮副，因为是通过相对滑动产生旋转以达到动力传动，所以摩擦的影响非常大，与其他齿轮相比传动效率下降。

齿轮的效率是齿轮在正常装配状况下的传动效率。如果出现安装不正确的情况，特别是锥齿轮装配距离不正确而导致同锥交点有误差时，其效率会显著下降。

(3) 齿条简介

齿条有直齿条与斜齿条等，齿条与齿轮啮合的直线齿条状齿轮可以看成正齿轮的节圆直径变成无限大时的特殊情况。齿条的特点如下。

①由于齿条齿廓为直线，所以齿廓上各点具有相同的压力角，且等于齿廓的倾斜角，此角称为齿形角，标准值为 20°。

②与齿顶线平行的任一条直线上具有相同的齿距和模数。

③与齿顶线平行且齿厚等于齿槽宽的直线称为分度线（中线），它是计算齿条尺寸的基准线。

齿轮与齿条配合时，需要模数相等，压力角相等，才能够运动起来，将旋转运动转换为直线运动。

3. 摇杆机构的工作原理与应用

摇杆机构也是平面机构的一种，其结构分类是根据杆组的不同组成形态进行的。

杆件组成的原理：任何机构都可以看作由若干个基本杆组依次连接到原动件和机架上而构成的。

机构结构分析的目的：把机构拆分成杆组，然后判断杆组的级别，并确定机构的级别。通过分析，可了解到摇杆机构的运动副分别有几个高副和低副，分析其运动情况可画出运动的轨迹线路。

4. 离合器的工作原理与应用

离合器可分为电磁离合器、磁粉离合器、摩擦离合器和液力离合器四种。

电磁离合器可分为干式单片电磁离合器、干式多片电磁离合器、湿式多片电磁离合器、转差式电磁离合器等。

磁粉离合器：在主动件与从动件之间放置磁粉，不通电时磁粉处于松散状态，通电时磁粉结合,主动件与从动件同时转动。

磁粉离合器的优点是可通过调节电流来调节转矩,允许较大滑差;缺点是滑差较大时温升较大,相对价格高。

摩擦离合器:摩擦离合器是应用得最广也是历史最久的一类离合器,它基本上由主动部分、从动部分、压紧机构和操纵机构四部分组成。主动部分、从动部分和压紧机构是保证离合器处于接合状态并能传动动力的基本结构,而操纵机构主要是使离合器分离的装置。在分离过程中,踩下离合器踏板,在自由行程内首先消除离合器的自由间隙,然后在工作行程内产生分离间隙,离合器分离。在接合过程中,逐渐松开离合器踏板,压盘在压紧弹簧的作用下向前移动,首先消除分离间隙,并在压盘、从动盘和飞轮工作表面上作用足够的压紧力,之后分离轴承在复位弹簧的作用下向后移动,产生自由间隙,离合器接合。

液力离合器:用流体(一般用油)作传动介质,与机械式离合器相比,除传动特性有各种变化以外,还吸收因主动轴和从动轴转动而产生的振动和冲击。

离合器应用的范围比较广泛,汽车制造、航空航天、轮船生产等设备都有使用,用于实现高速分离、制动调节的功能。自动钻床主要采用六角凸轮式离合器,制动结合。六角式凸轮装置运转时,若卡住六角凸轮上面的台阶,离合器里面的滚珠转动,使外面旋转轮与里面的从动轴进行分离,实现相对运动,达到随时制动的效果。

5. 曲轴的工作原理与应用

曲轴是发动机的主要旋转机件,装上连杆后,可使连杆的上下(往复)运动变成循环(旋转)运动,如图 6.6.1 所示。

图 6.6.1 曲轴

曲轴一般由碳素结构钢或球墨铸铁制成。主轴颈和连杆颈是曲轴的两个重要部位,主轴颈被安装在缸体上,连杆颈与连杆大头孔连接,连杆小头孔与汽缸活塞连接,是一个典型的曲柄滑块机构。单缸发动机曲柄摇杆机构如图 6.6.2 所示。

曲轴的润滑主要是指连杆大头轴瓦与曲轴连杆颈的润滑和两头固定点的润滑。曲轴的旋转是发动机的动力源,也是整个机械系统的动力源。曲轴的应用主要是把旋转运动转化为快速的来回运动,产生一定的冲击力,在冲床、汽车的发动机上都很大的体现和作用。

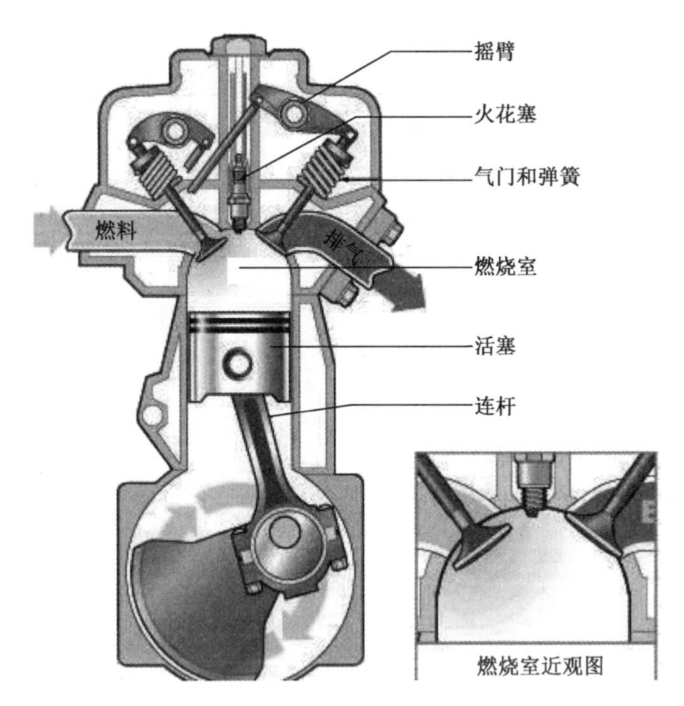

图 6.6.2　单缸发动机曲柄摇杆机构

6. 自动打标机与齿轮齿条连杆机构模块

(1)自动打标机模块如图 6.6.3 所示。

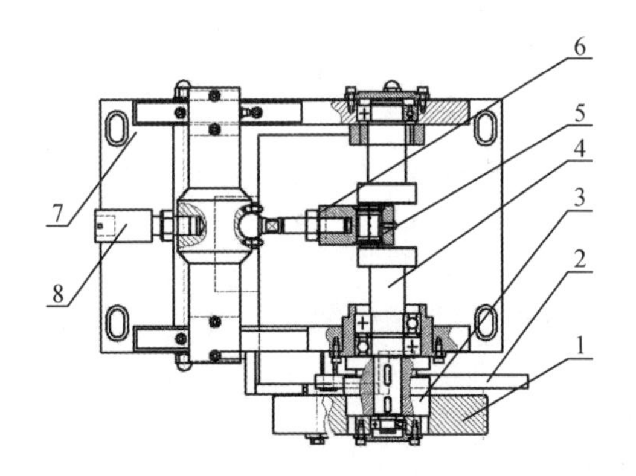

1—齿轮;2—离合器杆;3—离合器;4—曲轴;5—轴瓦;
6—球头杆;7—平行导轨;8—冲头

图 6.6.3　自动打标机模块装配图

(2)齿轮齿条连杆机构如图6.6.4所示。

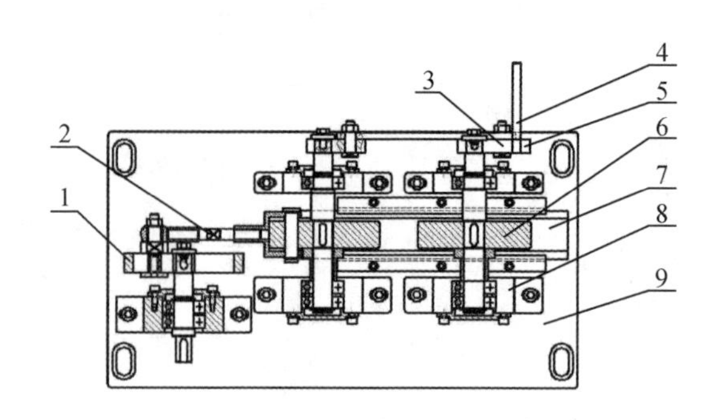

1—可调圆盘;2—左旋右旋调节杆;3—摇杆机构杆;4—拨动杆;
5—轴;6—齿轮;7—齿条;8—轴承座;9—底板

图6.6.4 齿轮齿条连杆机构

6.6.5 任务准备

设备:THMDZP-2型机械装配综合实训平台。

工具:各型号扳手一套。

6.6.6 任务实施

1.任务实施前准备

(1)检查技术文件、图纸和零件的完备情况;

(2)根据装配图纸和技术要求,确定装配任务和装配工艺;

(3)根据装配任务和装配工艺,选择合适的工具、量具,工具、量具摆放整齐,装配前量具应校正;

(4)对装配的零部件进行清理、清洗,去掉零部件上的毛刺、铁锈、切屑、油污等。

2.装配与调整

自动打标机与齿轮齿条连杆机构装配与调整有以下几个要点。

(1)装配前的准备:装配前的准备工作内容较多,首先是读懂自动打标机与齿轮齿条连杆机构的装配图,理解装配的技术要求;了解零件之间的配合关系;检查零件的精度,特别是对配合要求较高零件是否达到加工要求;按装配要求配齐所有零件,根据装配要求选用装配时所必需的工具。

(2)安装时,需要从下往上一步一步安装,按先难后易的顺序安装。安装齿条的定位装置,限制齿条的窜动,再安装齿轮,调节齿轮与齿条的间隙。

(3)安装万向节轴上的可调圆盘,调整好圆盘上的距离,用调节杆连接好齿条与可调圆盘。可调杆一端是左旋螺纹连接,一端是右旋螺纹连接。拧动可调杆可以调节齿条与圆盘的距离同时增大同时减小。

(4)安装摇杆机构,调整合适的位置,安装拨动杆。

（5）安装自动打标机，先安装电机到侧板上面，再把两定位杆与左右侧板连接起来。

（6）安装平行导轨，以侧板的基准面用量具测量平行导轨的平行度，然后固定导轨从一端到另外一端。再以这根导轨为基准，用量具测量第二根导轨的平行度，使两个导轨的平行度平行。

（7）安装曲轴，注意轴承套内角接触轴承的安装方式，选择好对应的隔环，调整角接触轴承的游隙。

（8）安装曲轴限位套，使曲轴旋转时不能产生相对移动，调节限位套的张紧。

（9）安装离合器与离合器抬杆。安装离合器时候调整六角凸轮的位置，使曲轴调整到最远处。

（10）安装轴瓦、球头调节杆、打标头，调整打标头到物料的距离，旋转球头调节杆使其调整到合适的部位。

（11）调整打标头与料盘的平行度，然后固定好自动打标机。

（12）调整摇杆与离合器抬杆的高度，使摇杆转动一次正好在最高点抬起离合器抬杆，使离合器合上。

6.6.7 任务评价

根据完成情况，进行自动打标机与齿轮齿条连杆机构装配与调整任务评价，填写任务评分表（表6.6.1）。教师评价时可以采用提问方式逐项评价，可以事先发给学生思考题。

表6.6.1 自动打标机与齿轮齿条连杆机构装配与调整任务评分表

姓名		小组编号	
设备名称		实训时间	
列举看到的零件、组件和部件名称			

表 6.6.1(续)

简述自动打标机与齿轮齿条连杆机构各部件的装配顺序	自动打标机: 齿轮齿条连杆机构:
简述自动打标机与齿轮齿条连杆机构装配的主要任务	
简述自动打标机与齿轮齿条连杆机构的工作原理	
小组评价(对以上参观后描述的范围、准确性评价)	自我评价: 小组评价
教师评价	

6.6.8 总结提升

列出在本任务中新认识的专业词汇、学到的知识点、学会使用的工具、掌握的技能。

1. 新的专业词汇:______________________________

____

2. 新的知识点:______________________________

____

3. 新的工具：______________________________

____

4. 新的技能：______________________________

____

任务6.7　机械设备的调试、运行及试加工

6.7.1　学习目标

1. 知识目标

(1)了解电磁离合器、蜗轮蜗杆、联轴器、凸轮、万向节、分度盘、钻床、打标机等的工作原理；

(2)了解整体设备的装配工艺过程；

(3)了解各个模块的工作方式。

2. 技能目标

(1)掌握电磁离合器装配与间隙调整、齿轮间隙调整、轴承座等高的调整、凸轮的调整、分度盘的调整、自动打标机的调整、齿轮齿条连杆机构的调整、变速箱的调整；

(2)会正确使用工、量具。

3. 素养目标

(1)能正确判断、分析、归纳常见故障，并能够进行合理调整；

(2)养成遵守安全文明生产规程的好习惯。

6.7.2　任务描述

随着现代制造技术的不断发展，机械设备整体装配、调试、操作的人才需求量大幅增加。THMDZP－2型机械装配综合实训平台以实际工作任务为载体，根据机械设备的装配过程及加工过程的特点划分工作实施过程，可进行部件装配及调整、整机装配及调整、试加工等职业实践活动，着重培养学生机械装配技术所需的综合能力。

6.7.3　任务明晰

(1)识读机械装配综合实训平台整体部件的装配图，了解各个零部件之间的装配关系，说明各个模块之间的动作过程和功能。

(2)理解图纸中的技术要求,根据技术要求进行零部件的安装和调整,会安装各个模块,并达到使用要求。

6.7.4 知识准备

1. 机械装配综合实训平台设计理念

机械装配综合实训平台是全国职业院校技能大赛中职组“机械装配技术”赛项唯一指定竞赛设备。

机械装配实训平台依据机械类、机电类中等职业学校相关专业教学标准,紧密结合行业和企业需求而设计,该平台操作技能对接国家职业标准,贴合企业实际岗位能力要求。

THMDZP－2 型机械装配综合实训平台以工业现场的典型任务为实践项目,以实现项目式教学,便于学生“做中学、学中做”,具有可操作性和实用性,可通过让学生完成机械设备识图与装配工艺的编写,零部件装配及调整,组合机床、典型机床及机床部件的装配与调整,装配质量检验和设备的调试、运行与试加工等任务,提高学生综合职业能力,对中职加工制造类专业机械装配实训室建设起到示范和引领作用。

2. THMDZP－2 型机械装配综合实训平台功能简述

THMDZP－2 型机械装配综合实训平台可实现纯机械式自动加工功能,由变速动力箱给设备提供两路传动动力。一路动力通过电磁离合器的开合控制精密分度盘的四分度,在精密分度盘的工作台上安装了四个偏心轮夹紧夹具,在分度盘分度过程中工件自动送料,由偏心轮夹紧夹具夹紧工件,加工完的工件通过凸轮旋柄挡杆使偏心轮夹紧夹具松开把工件落到料盘里。另一路动力通过弹性联轴器连接锥齿轮轴,锥齿轮分配器又分为两路传动,一路由锥齿轮、圆柱凸轮带动自动钻床实现进给、退刀功能;圆柱凸轮轴上安装有可调的盘形凸轮、限位开关装置,可控制电磁离合器的工作状态,使分度盘与自动钻床、自动打标机配合动作;另一路由双万向联轴器、齿轮齿条连杆机构控制自动打标机的圆锥滚子离合器,自动打标机由三相异步电机带动曲轴实现钢印敲打的功能。

THMDZP－2 型机械装配综合实训平台主要由实训台、变速动力箱、精密分度盘、工件夹紧装置、自动钻床进给机构、自动打标机、联轴器、电磁离合器、齿轮齿条连杆机构、装配及检测工具等部分组成,如图 6.7.1 所示。

3. 机械装配综合实训平台的结构组成和特点

从上述工作原理可以看出,机械装配综合实训平台一般由以下几部分组成。

(1)工作机构:电磁离合器、分度盘、钻机头、打标机等。主要使动力源提供的动力转化为设备所需的旋转力、进给力、冲击力等,实现产品的合格输出。

图 6.7.1　THMDZP－2 型机械装配综合实训平台

(2)传动系统:一般由蜗轮蜗杆、传动轴、齿轮、联轴器、万向节等组成。其作用是传递动力源的运动和能量。

(3)能源系统:由电动机等组成。

(4)支承部件:主要由蜗轮蜗杆箱体、轴承座、变速箱、支撑板等组成,它支撑了传动部件的工作位置,保证各个模块的精确配合。

(5)电路信号控制区域:主要包括总电源开关、电机开关、急停开关、调速器等。

6.7.5　任务准备

设备:THMDZP－2 型机械装配综合实训平台。

工具:各型号扳手一套。

6.7.6　任务实施

通过机械装配综合实训平台的整体安装与调试后,进入整体安装调整的任务实施,可以让学生分组进行,具有条件的可以 2 人为一个组进行考核,可以根据学生的装配熟练程度设定考核时间,考核前先将机械装配综合实训平台部分部件完全分离,并检查所有零件是否完好,如有缺损则事先补齐,考核计时。

1. 机械装配综合实训平台的装配与调试要点

机械装配综合实训平台的装配与调试主要有以下几个要点。

(1)装配前的准备:装配前的准备工作内容较多,首先是读懂整体设备与分部模块的装配图,理解整体设备与分部模块的装配技术要求;了解零件、模块之间的配合关系;检查零件的精度,特别是对配合要求较高零件是否达到加工要求;按装配要求配齐所有零件,根据装配要求选用装配时所必需的工具。

(2)按照模块进行安装,各个模块安装完成后固定在实训平台上面。

(3)各个模块固定后,对各个模块进行线路连接。

(4)线路连接后进行试运行,观察线路是否正常,观察各个零件、模块之间配合运动是否顺畅,有无卡阻现象。

2. 任务实施前准备

(1)检查技术文件、图纸和零件的完备情况;

(2)根据装配图纸和技术要求,确定装配任务和装配工艺;

(3)根据装配任务和装配工艺,选择合适的工具、量具,工具、量具摆放整齐,装配前量具应校正;

(4)对装配的零部件进行清理、清洗,去掉零部件上的毛刺、铁锈、切屑、油污等。

3. 设备装配与调试

机械装配综合实训平台的整体装配操作步骤见表6.7.1。

表6.7.1 机械装配综合实训平台整体装配操作步骤

装配步骤	示意图	说明	备注
清理实训平台安装面		安装前务必用油石和棉布等清除实训平台安装面上的加工毛刺及污物	
变速动力箱的安装与调整		将变速动力箱按装配图装配完成	
		将变速动力箱整体固定在实训平台上面	

表 6.7.1(续)

装配步骤	示意图	说明	备注
电磁离合器与精密分度盘的安装与调整		将电磁离合器与精密分度盘模块按装配图装配完成。 将电磁离合器与精密分度盘整体固定在实训平台上面	
自动钻床进给机构的安装与调整		将自动钻床进给机构按装配图装配完成。 将自动钻床进给机构整体固定在实训平台上面	
锥齿轮机构的安装与调整	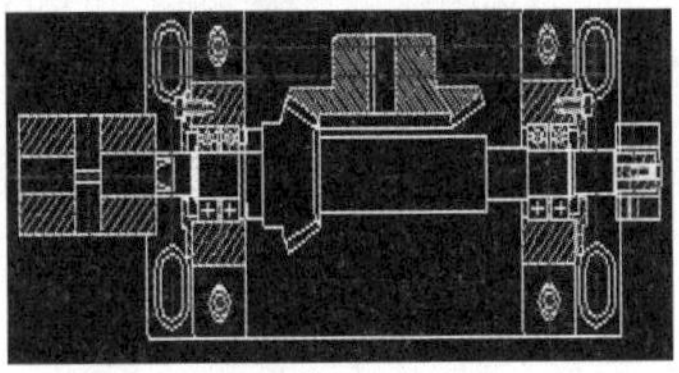	将锥齿轮机构按装配图装配完成。 将锥齿轮机构整体固定在实训平台上面	
齿轮齿条与连杆机构的安装与调整	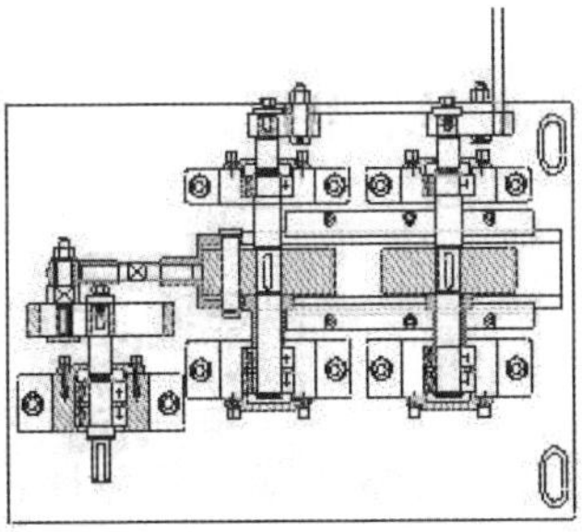	将齿轮齿条与连杆机构按装配图装配完成。 将齿轮齿条与连杆机构整体固定在实训平台上面	

表 6.7.1(续)

装配步骤	示意图	说明	备注
自动打标机的安装与调整		将自动打标机按装配图装配完成。 将自动打标机整体固定在实训平台上面	
机械装配综合实训平台整体的调整		调整各个模块之间的配合间隙使之运转顺畅、无卡阻现象。实现合格产品的输出	

4. 机械装配综合实训平台整体的调整

机械装配综合实训平台整体安装后,必须调整各个模块之间的传动间距,各个模块之间的工作间歇时间要精确配合,调整各个模块的底板可以调整它们的相对位置,调整点有轴承座、凸轮、调速器、齿轮间隙、打标头、钻夹头、蜗轮蜗杆、齿轮齿条连杆等,通过调整以上各个点,实现各个模块的相互运动及产品的输出。

通电试车前必须检查所有的环节:钻夹头上的钻头是否超出行程范围,钻夹头与分度盘及调整的配合间歇时间是否合适,电磁离合器的间隙是否合适,轴承座是否等高,分度盘的分度是否到位,打标头的行程调整是否合适,齿轮之间的间隙是否合适,分度盘上的工件位置与钻夹头、打标头的相对位置是否垂直。

应了解实训装置的动作原理,学会设备的操作。开机前必须有教师在场,在教师同意的情况下实施操作。

6.7.7 任务评价

根据完成情况,进行机械装配综合实训平台整体装配任务评价,填写任务评分表(表 6.7.2)。教师评价时可以采用提问方式逐项评价,可以事先发给学生思考题。

表 6.7.2　机械装配综合实训平台整体装配任务评分表

姓名		小组编号	
设备名称		实训时间	
列举看到的零件、组件和部件名称			
简单描述机械装配综合实训平台的装配工艺			
简述机械装配综合实训平台的主要任务			
简述机械装配综合实训平台运动的原理			

表 6.7.2(续)

小组评价(对以上参观后描述的范围、准确性评价)	
教师评价	

6.7.8 总结提升

列出在本任务中新认识的专业词汇、学到的知识点、学会使用的工具、掌握的技能。

1. 新的专业词汇：______

2. 新的知识点：______

3. 新的工具：______

4. 新的技能：______